"十四五"职业教育国家规划教材

航空类专业职业教育系列教材

Tongyong Hangkongqi Jiegou Yü Xiuli

通用航空器结构与修理

任艳萍　邓红华　编著

西北工业大学出版社

【内容简介】 本书共7章,内容分别为飞机结构概述,小固定翼飞机结构,直升机结构,飞机金属结构损伤与修理,飞机复合材料结构损伤与修理,飞机有机玻璃结构损伤与修理,以及飞机密封、橡胶、钛合金等其他结构损伤与修理。本书各章后附的维修工单实例,可作为基本技能操作的工作任务执行,以便进行相关的课程技能训练;各章后附的思考题,可作为课后练习。

本书既可作为高等职业院校飞机维修工程各专业课程教学的教材,也可作为从事飞机使用与维修相关行业技术人员的参考用书。

图书在版编目(CIP)数据

通用航空器结构与修理/任艳萍,邓红华编著.—西安:西北工业大学出版社,2017.3
(2024.8重印)
航空类专业职业教育系列"十三五"规划教材
ISBN 978-7-5612-5237-6

Ⅰ.①通… Ⅱ.①任… ②邓… Ⅲ.①航空器—结构分析—高等职业教育—教材
②航空器—维修—高等职业教育—教材 Ⅳ.①V214.1②V267

中国版本图书馆 CIP 数据核字(2017)第 026594 号

策划编辑:华一瑾
责任编辑:华一瑾

出版发行:西北工业大学出版社
通信地址:西安市友谊西路 127 号 邮编:710072
电 话:(029)88493844 88491757
网 址:www.nwpup.com
印 刷 者:兴平市博闻印务有限公司
开 本:787 mm×1 092 mm 1/16
印 张:12.5
字 数:300 千字
版 次:2017 年 3 月第 1 版 2024 年 8 月第 2 次印刷
定 价:35.00 元

前　言

　　通用航空和公共运输航空是民用航空的两大支柱。近年来我国公共运输航空得到了飞速的发展和繁荣，然而通用航空与国外相比，发展还比较落后。因此，通用航空的发展已成为我国民用航空"十三五"规划的重要内容。要大力发展通用航空，必然需要更多专业的通用航空器维修人员来保障通用航空器的安全运行。

　　为满足民航业的发展，广州民航职业技术学院及时开设了通用航空器维修专业，将飞机结构检测与修理作为通用航空器维修人员的基本知识和基本技能。目前市场少有一本合适的可用于通用航空器维修专业的教材。因此，本书的编写以通用飞机维修企业的岗位需求为出发点，总结飞机结构与修理的理论知识及基本技能体系，参考中国民用航空规章 CCAR147 培训大纲的部分内容，并结合通航飞机维修专业的人才培养目标和方案，重点叙述飞机各种结构损伤的形式，各种结构典型修理方案的制定、实施及工艺要求，以及维修原则和适航性安全要求等。

　　通用航空器主要以小固定翼飞机和直升机为主，本书以活塞式小固定翼飞机和直升机的构造为基础，介绍航空器的基本结构、构件的组成及构型，构件之间的装配关系，以及构件承载的特点及适航性安全要求。

　　本书第 1～4 章由任艳萍编写，第 5～7 章由邓红华编写，全书由任艳萍统稿。

　　在本书编写过程中，得到广州民航职业技术学院飞机维修工程学院领导和通用航空系领导、张柳老师以及企业外聘教师刘赐捷的大力支持，同时他们也提出许多宝贵的修改意见，在此对他们表示由衷的敬意和衷心的感谢。

　　由于编写时间仓促，知识和专业水平有限，书中难免存在欠妥之处，恳请广大读者批评指正。

编著者

2016 年 9 月

目　　录

第1章 飞机结构

1.1 飞机结构的定义

飞机结构是指由几个到成千上万零件结合在一起构成的受力整体,这些零件之间相互没有相对运动,同时能承受一定的外载荷,满足所需的强度、刚度、寿命及可靠性等方面的适航要求,所以又常常称为受力结构。研究飞机结构在载荷和环境作用下的应力、变形、稳定性及其合理性的学科,又称飞机结构理论,有时也称为飞机强度学。飞机结构力学是固体力学理论应用于飞机结构的一个分支学科,是飞机结构设计的重要理论基础。

小固定翼飞机如图1-1所示,其结构通常包括机身、机翼、尾翼、发动机短舱,以及起落架、操纵系统(副翼、升降舵和方向舵等)及其他系统的受力结构。每个系统的结构可分为部件结构或者组件结构,像机身、机翼这样的大结构,通常称为部件结构;机身、机翼又可沿机身纵向或翼展方向分成几个大段,每一大段结构称为组件结构。组件结构还可以分为小组件、构件结构,构件由几个零件装配而成,零件一般为不需装配的基本单元。当零件与构件在飞机结构中作为有一定功用的基本单元时称为元件,如翼肋、梁、框等,它可以是一个构件,也可以是零件。

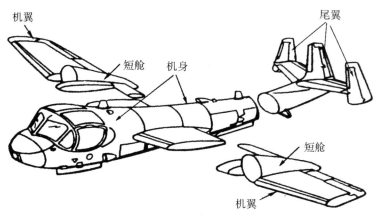

图1-1 典型的小固定翼飞机结构

旋翼飞机如图1-2所示,其结构虽然存在一定的差别,一般来说,基本结构一般包括机身结构(驾驶舱和客舱)、尾部结构(尾梁、垂直安定面和水平安定面)、上部结构(发动机舱)、下部结构(起落架)、尾桨结构和旋翼结构等。这些结构通过各种形式连接为一个整体,承受直升机飞行、地面的各种载荷并保持平衡。

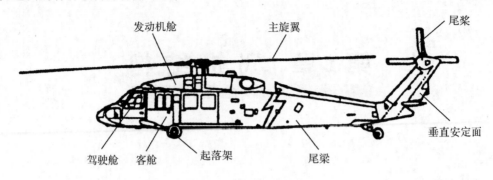

图 1-2 典型直升机结构

总的来说,飞机结构就是飞机在飞行、地面时承受各种外载荷,能在内部构件中连续传递这些载荷,并且能保持飞机平衡和外型的受力整体。从材料来说,现代飞机结构主要分为金属结构和新兴的复合材料结构。

1.2 维修手册简介

飞机手册的章节编写是按照美国航空运输协会的 ATA100 规范来完成的。ATA100 规范是美国航空运输协会(Air Transport Association of America, ATA)与航空制造商、航空公司共同制定的一种规范,用以统一各种民用航空产品厂商所出版的各种技术资料的编号。

1.2.1 ATA100 规范

按照 ATA100 规范,各种民用航空器技术资料都可按其内容予以编号。

(1)第 5~12 章为"总体"类;

(2)第 20~49 章为"系统"类;

(3)第 51~57 章为"结构"类:飞机的结构部分,涉及安定面结构、机翼、窗、舱门等内容,这部分归在 SRM 系统;

(4)第 60~65 章为"螺旋桨/旋翼"类;

(5)第 70~91 章为"发动机"类。

飞机维修适用的手册包括飞机维护手册(Aircraft Maintenance Manual, AMM)、零件目录手册(Illustrated Parts Catalog, IPC)、无损探伤手册(Non-Destructive Test Manual, NDTM)、结构修理手册(Structure Repair Manual, SRM)、腐蚀防护手册(Corrosion Prevention Manual, CPM)等。其编排如图 1-3 所示。

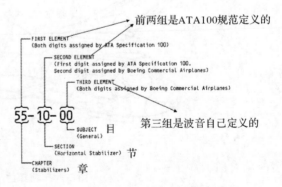

图 1-3 SRM 手册的典型编排方式

其中第 55 章表示该组件属于安定面,第 10 节进一步表示其属于综述子系统,"00"目为生产商自定义编号。

1.2.2　手册的有效性

维修文件的有效性主要体现在以下两个方面。

(1)型号有效性。由于同一型号设备的基本型号发展出不同机型,不同的机型之间存在差别,当这些型号的设备共用一本手册时,便需要利用有效性来表示不同维修文件内容的适用范围,一般采用件号和模式代码来标示设备的型号有效性。

(2)时效有效性。它是指由于文件随时间更迭而产生的有效性问题,如厂家的定期改版(Normal Revision)和临时改版(Temporary Revision),此外还有国家强制执行的适航指令(Airworthiness Directive,AD)和制造厂家推荐执行的服务通告(Service Bulletin,SB)和服务信函(Service Letter,SL)。

所谓手册或其他技术资料的有效性,是指手册或其他技术资料的技术内容是针对、包含、覆盖及适用于该待修件。以下几方面在查阅手册、图纸或其他技术资料时应当注意:

(1)所查阅的手册或技术资料必须由该设备原制造厂(Original Equipment Manufacturer,OEM)所提供,或待修件的拥有者——选用该设备的航空公司或其他单位所提供,或其他合法授权单位所提供。所查阅的手册或技术资料必须为厂方正式发布的工程技术资料。用于培训的资料、一般商业宣传资料、个人学习资料等其他用途的资料不得作为修理工程实践的依据。

(2)所查阅的图纸等资料必须有效更新,并应注意手册开始部分的有效页清单。

(3)待修件的部件号、序号必须与所查阅的手册或技术资料的适用范围相符。

(4)注意待修件的修改等级标示符与所查阅的图纸或技术资料的适用性。有的设备制造厂利用修改等级(REV LEVEL)标识符来表示其制造的设备、部件或分部件的设计修改等级。修理实践中应查阅、使用与待修件修改等级标识符相符的图纸和其他技术资料。修改等级标识符用英文大写字母表示,标示在设备上,并在部件修理手册中用线路图更改页来说明。修改等级以 REV 后跟英文字母 A 开始,依次为 B⋯⋯Z、AA、AB⋯⋯ZZ,如果无更改,则表示为 REV—。

1.2.3　结构修理手册

结构修理手册(SRM)的内容包括第51～57章。手册第51章为制造厂给出的主要结构和次要结构的通用资料和特殊说明,典型的蒙皮、框架、桁条也在此手册中,它还包括材料的紧固件的代用品以及特殊修理技术。

手册第52～57章的每节内,都分三部分:识别(Identification),允许损伤(Allowable Damage)和修理(Repair)。因此,如果要查可允许损伤,应先查阅构件属于哪部分结构,再找这章节的 Allowable Damage,之后就可以查出具体可修理方案。

1.结构修理手册的编排

结构修理手册遵照 ATA100 规范进行编写。ATA100 是按照章节的概念进行编写的,每一章代表了飞机上的一个系统。第51～57章是飞机的结构部分,涉及安定面结构、大翼、窗、舱门等内容,其主要内容见表1-1。

2.结构修理手册查询的方法及步骤

(1)查找相应信息之前,首先应根据所学的专业及英语知识,找到该信息的英文关键词(Keyword)。由于手册的目录是根据关键词编写的,如果写出关键词,就容易判断所查的内容的正误。再根据 ATA100,确定要查的问题在手册中所在的章(Chapter),并判断可能的页码区段(Page Block)范围,也就是判断应该在哪部分内容当中。根据问题的性质,ATA100 确定了各种问题的页数编号。

SRM 手册中的第 52～57 章各目号下图页号的编排如下。

在第 1～99 页,图号将以图 1 开始,按顺序排列。

在第 101～199 页,图号将以图 101 开始,按顺序排列。

在第 201 页及以后页,图号将以图 201 开始,按顺序排列。

SRM 手册中的页码及其表示的内容按页号分类如下。

在第 1～99 页,结构标识。

在第 101～199 页,允许损伤。

在第 201 页及以后页,修理数据。

(2)翻到该章的目录(Table of Contents),在目录中寻找问题所在的节或分系统(Section)和项目(Subject)。

(3)确定 Chapter - Section - Subject 后,根据这一线索,就可以到手册的具体章节里查阅所需要的信息。

表 1-1　SRM 手册简介

章　节	名　称	内容简介	举　例
第 51 章	结构部分标准施工	结构部分主要需要进行的相关工作	如密封胶的涂抹,防锈油的喷涂
第 52 章	门	飞机人员和货物进出的主要门和维修盖板,登机梯等	如登机梯,货舱门
第 53 章	机身	飞机机身的主要结构隔框,梁,桁条,蒙皮,轮舱,整流罩等	如机身结构腐蚀及疲劳的检查
第 54 章	短舱、吊架	飞机发动机短舱和吊架的表层结构和承力结构	如吊架的装拆及结构检查
第 55 章	安定面	飞机水平安定面和垂直安定面的结构	如安定面盖板、整流罩的装拆
第 56 章	窗	飞机客舱,驾驶舱,舱门,应急观察使用的各类窗体结构	如客舱窗户、驾驶舱挡风玻璃的装拆
第 57 章	机翼	飞机机翼和机翼舵面,前后缘装置的结构	如机翼结构腐蚀及疲劳检查,盖板、整流罩的装拆

1.3　结构的应力与应变

根据飞机结构强度设计的适航性要求,在飞机设计中,必须要求构成飞机各部分结构的每一个构件具有足够的强度,飞机的每部分都能承受施加于其上面的外载荷,构件之间能够将这些外载荷在构件内部合理传递,保持飞机平衡和良好的外型,且不发生损害飞机安全的变形和破坏。因此,只有熟知飞机的整体受力以及各个部件的受力状态,才能避免因修理不当而改变飞机原有的结构强度和受力分布。

1.3.1 外载荷

在飞行中或起飞、着陆、地面运动时,其他物体对飞机的作用力称为飞机的外载荷。飞机外载荷是对飞机结构进行受力分析的重要依据。飞机使用中所承受外载荷的各种限制,表示飞机结构具有有限的承载能力。物体在外力作用下发生形状和尺寸的变化,称为变形。

小固定翼飞机在飞行的过程中受到升力、重力、推力和阻力 4 种外载荷,飞机在抬头、俯仰及转向时,飞机还受到扭矩和弯矩的作用。受以上几种力的作用影响,飞机结构会产生拉伸、压缩、剪切、弯曲和扭转 5 种基本变形。

旋翼飞机在飞行的过程中受到升力和重力两种外载荷,在抬头、俯仰以及转向时,还受到扭矩和弯矩的作用。飞机结构同样也会产生拉伸、压缩、剪切、弯曲、扭转五种基本变形。

1.3.2 结构内应力

随着变形的产生,会在物体内部形成内力以抵抗变形。相应地,内力也有拉、压、弯、剪和扭 5 种基本内力,内力与引起内力的外载荷大小相等、方向相反。构件截面单位面积内所承受的内力称为应力。单位尺寸(长度或角度)的变形量称为应变。为了确定飞机构件在承受外载荷时整个截面积的受力情况而进行的分析,称为应力分析。

应力分为正应力和剪应力,而正应力包括拉伸应力和压缩应力。在弹性变形限度内,应力与应变符合虎克定律,即应力与应变成正比。

在外载荷的作用下,飞机构件所承受的内力分为拉力、压力、剪力、弯矩和扭矩,如图 1-4 所示。总的来说,这 5 种内力可分解为正应力和剪应力两种(见表 1-2),即拉力形成拉应力,压力形成压应力,剪力形成剪应力,弯矩可以分解为正应力和剪应力,扭矩可分解为剪应力。

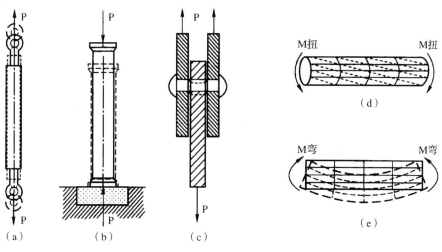

图 1-4 5 种基本变形
(a)拉伸变形;(b)压缩变形;(c)剪切变形;(d)扭转变形;(e)弯曲变形

表 1-2　变形与内力的关系

变形种类	对应的内力	承受的内应力
拉伸	拉力	拉应力
压缩	压力	压应力
剪切	剪力	剪应力
扭转	扭矩	剪应力
弯曲	弯矩	正应力＋剪应力

1.4　飞机结构的分类

构成飞机结构的各部件或组件采用多种材料，如铝合金、钢、钛合金或各种复合材料，通过铆钉、螺栓、螺钉连接或焊接、胶接连接在一起，形成骨架结构。这些骨架构件有纵梁、桁条、肋、隔框等，主要用来承受应力或者传递载荷。

根据结构强度要求的不同，以及航空器结构构件失效后对飞行安全造成的后果的差异，结构构件可划分为主要结构和次要结构。

1. 主要结构(Primary Structure Elements，PSE)

在空中、起飞或着陆时，结构部件的失效会直接导致结构塌损、动力损失、系统或部件的故障或失效，会严重影响航空器的安全和操纵，失效后影响飞机持续适航性，这样的结构称为主要结构。飞机某些结构在飞行中承受拉伸、压缩、扭转、剪切、弯曲应力或这些应力的组合时，强度是主要因素，因此称为主要结构。如机身、机翼、尾翼、飞行操纵面和起落架等都属于主要结构。

主要结构又分为重要结构(Signification Structural Item，SSI)和其他主要结构。重要结构是指主要结构中承受飞行、地面、操纵或者增压载荷的关键结构，一旦损坏会直接破坏飞机结构的完整性，失效后会导致灾难性事故，危及飞机安全性。

2. 次要结构(Secondary Structure Elements，SSE)

次要结构是指主要结构以外的其他结构，与主要结构的描述相同，但安全裕度允许结构有明显的降低，如发动机整流罩、整流包皮及类似零件等，其主要作用是构成流线外形以减小阻力。它们通常不承受飞行和着陆载荷引起的应力，只承受自身质量力或气动载荷的结构，失效后不影响飞机持续适航性，但是会增加运营成本，因此称为次要结构。

1.5　飞机结构的适航性要求

飞机结构承受载荷的能力通常采用结构强度、结构刚度和结构稳定性等参数来说明。结构强度是指结构抵抗破坏的能力，结构刚度是指结构抵抗变形的能力，结构稳定性是指在外力作用下飞机结构保持原有平衡状态的能力。

一般来说，强度是结构首要的和最基本的要求，也是结构安全使用的前提和基础。当某些结构(如机翼、机身和尾翼等)在承受外载荷后产生的变形影响到飞机的气动性能和安全运行时,对这些结构则必须提出刚度要求。而当某些结构受载变形后构件(如机翼蒙皮和桁条等)可能失去稳定性时,则必须提出稳定性要求。

在中国民用航空规章(China Civil Aviation Regulations,CCAR)中,CCAR-21,23,25 部相关章节对飞机结构及其零部件的强度都规定了具体的适航标准,大到机体结构、气密座舱和起落架,小到飞行操纵系统、操纵面、舱门的接头、支撑和铰链等,都详细规定了强度标准、损伤容限、疲劳评定和试验验证等。

例如,CCAR-23-R3 作为中国民航对正常类、实用类、特技类和通勤类飞机的适航标准,在关于结构的总则中对飞机结构强度与变形限制作了如下规定:"强度的要求用限制载荷(服役中预期的最大载荷)和极限载荷(限制载荷乘以规定的安全系数)来规定;结构必须能够承受限制载荷而无有害的永久变形,在限制载荷以内的任何载荷作用下,变形不得妨碍安全运行;除非另有规定,安全系数均为 1.5;结构必须能够承受极限载荷至少 3 s 而不破坏(若在限制载荷与极限载荷之间产生局部失效或结构失稳可以接受)。"

上述出现的几个概念,如限制载荷、极限载荷、变形、永久变形和安全系数等,与飞机结构设计和使用密切相关。

限制载荷又称为使用载荷,是飞机使用中其结构预期可以承受的最大载荷,也是结构使用中允许承受的最大载荷。

极限载荷又称为设计载荷,是飞机结构设计时所设定的载荷。当飞机结构承受的载荷达到极限载荷值时,结构中单个零件或构件出现塑性变形或破坏,但整个结构仍然具有一定的承载能力。安全系数就是设计载荷与使用载荷的比值,表明结构具有的剩余强度。对于主要由铝合金材料构成飞机机体结构,根据结构受力特点及重要性的不同,安全系数通常取 1.5~2。

现代飞机的主要结构仍然采用金属材料,当它们受到外载荷作用时,必然产生变形。当变形处于弹性极限内时属于弹性变形,该变形在载荷卸去后能完全消除。当载荷过大,使变形超过弹性极限时,载荷卸去后则变形不能完全消失。这种不能消失的变形称为塑性变形或残余变形,也可称为永久变形。当航空器结构为新兴的先进复合材料时,这几个概念同时适用。

结构强度的适航性要求规定了飞机结构设计和制造的基本强度标准,以保证飞机在承受各种载荷状态下具有足够的强度、刚度和稳定性,不会产生不允许的残余变形、气动弹性问题和振动问题,并具有足够的寿命和高的可靠性。因此,在飞机使用寿命周期内,只要所受载荷均在限制载荷以内,飞机结构将不会发生永久变形,更不会发生破坏,从而不会影响飞机的安全。另外,正确的使用及良好的维护,使飞机结构能够保持良好的受载状态,不会损害飞机的结构强度。

1.6 飞机金属结构的基本构型及特点

钣金零件作为飞机的结构主体,构成飞机机体的框架和气动外形。在飞机结构中,钣金零件主要分为两大类,一类是薄板件,另一类是杆系结构。厚度远小于平面内另外两个尺寸的元件为板件,在飞机结构中,蒙皮、梁的腹板等属于薄板件,此类元件能够承受板平面内的分布载荷,能够承受较强的剪切强度。与横截面尺寸相比长度尺寸比较大的元件为杆件,杆件分为细长杆件和薄壁杆件。各种撑杆为细长杆件;薄壁杆件分为钣弯件和挤压型材,常见的结构有桁条、框缘条、梁缘条及腹板的立柱等,此类元件能够承受沿轴线作用的力,即承受拉应力或压应力。

1. 钣弯件

钣弯件是板材经过折弯形成一定截面形状的杆系结构，其截面特点是处处厚度相等，如图1-5所示。相对于挤压型材来说，钣弯件承受比较小的轴向载荷。飞机结构中常见的钣弯元件有钣弯桁条、钣弯框、普通肋以及减重加强孔等。

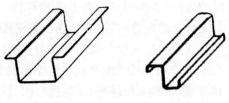

图1-5　钣弯件

2. 型材

型材是指经过一定截面形状的模具挤压形成的杆系结构，其截面厚度不一定相等，如图1-6所示。相对于钣弯件来说，型材能承受比较大的轴向载荷，但其抗弯能力弱，并在力的作用下产生拉伸或者压缩变形，形成拉应力或压应力。飞机结构中常见的型材元件有型材桁条、梁缘条以及加强框等。

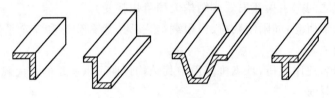

图1-6　典型的桁条型材

3. 腹板

各种梁式结构中的板件结构称为腹板。在图1-7组成机翼的基本结构元件中，腹板能承受平面内较强的分布载荷，且能够承受较大的剪切应力，厚度较大的腹板亦能承受拉应力。但是腹板承受压应力的能力很弱。

4. 梁

飞机结构中的梁基本上有两种类型：一种梁的外形与杆件相似，但它具有比较强的弯曲或扭转强度（闭合剖面的杆件），可以承受垂直梁轴线方向载荷的作用，如起落架减震支柱就是这类元件。另一种梁由上、下缘条和腹板组成，具有比较强的剪切弯曲强度，承受腹板平面内的载荷作用，产生剪切和弯曲变形。梁缘条承受弯曲产生的拉压正应力的作用，腹板则承受剪切产生的剪应力的作用。图1-7中缘条和腹板组成的机翼大梁以及翼肋就属于这种梁元件。

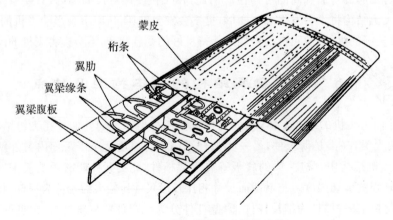

图1-7　组成机翼的基本结构元件

1.7　飞机复合材料结构的基本构型及特点

复合材料在飞机结构中的应用情况大致可以分为三个阶段:第一阶段是应用于受载不大的简单零部件,如各类口盖、舵面、整流罩、雷达罩、阻力板以及起落架舱门等,据统计可减重20%左右。第二阶段是应用于承力大的部件,如安定面、全动平尾、前机身段以及机翼等,据估计可减重25%～30%。第三阶段是应用于复杂受力部位的部件,如机身段和中央翼盒等,据估计可减重30%以上,如 B787 飞机采用复合材料后减重达50%。

1.7.1　层压板结构

层合板(Laminate),亦称层压板、叠层板。复合材料层压板是由单层板黏合而成的。层压板可以由不同材质的单层板构成,也可以由不同纤维铺设方向上相同材质的各向异性单层板构成。由于单层板在厚度方向的宏观非均质性,致使层压板具有各向异性的特点;由于纤维铺设方向的多样性,使层压板通常没有一定的材料主向。

层合板可设计性强,可制成多种结构形式,并可采用多种工艺方法成形,因此在航空航天飞行器结构中应用十分普遍。层合板是层合结构的基本元素。层合结构是指经过适当的制造工艺,如共固化、二次胶接和机械连接等,主要由层合板形成的具有独立功能的较大的三维结构,如翼面结构的梁、肋、壁板和盒段,机身侧壁以及飞行器部件等。

层压板受力特性和各单层板密切相关。一层甚至几层单层板的破坏,虽然将引起层合板刚度的变化,但层压板仍可能由余下的各个单层板来承受更大的载荷,一直到全部单层板破坏引起层合板的总体破坏为止。

如图 1-8(a)所示是一种典型的纤维增强复合材料。它由如图 1-8(b)所示的 5 个单层板紧密黏合在一起而制成。单层板的纤维取向采用两个坐标系来定义,如图 1-9 所示。图 1-9中的1-2 坐标系定义单层板的纵向(纤维方向)和横向,$X-Y$ 坐标系定义整个层压板的纵向和横向,两坐标系间的夹角 θ 即为该单层板的铺层角。

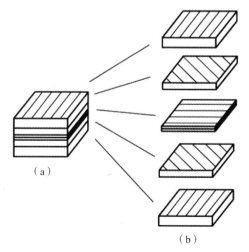

图 1-8　层压板结构
(a)层压板;(b)单层板

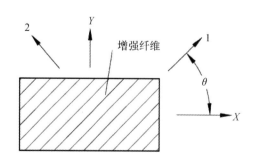

图 1-9　单层板的取向

增强纤维单向置入基体中形成的单层板称为单向铺层或无纬铺层板,如图 1 - 10(a)所示;当纤维以编织品形式置入基体中形成的单层板称为编织双向铺层板,如图 1 - 10(b)所示。

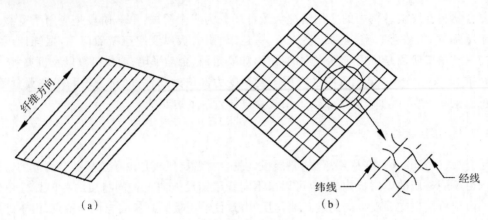

图 1 - 10 单层板的纤维形式

(a)单向带;(b)编织物

在工程中,常采用一种标识来表示铺层的层数、各层的铺层角和铺层顺序,表 1 - 3 给出了层压板中采用的各种标识和符号。

表 1 - 3 层压板中所采用的各种标识和符号

符号名称	说明	标识示例	
对称铺层符号	用上角标 S 表示	$[0/90]_s$	0
			90
			90
			0
中分面铺层符号	在对称层压板中面处分开的铺层用顶标"—"表示	$[0/\overline{90}]_s$	0
			90
			0
全部铺层符号	用下角标 T 表示	$[0/45/90]_T$	90
			45
			0
层数符号	同一方向铺层连在一起铺设,用下角标数字表示	$[0/45_1/90]_T$	90
			45
			45
			0
正负铺层简缩符号	正负铺层连在一起铺设,用前置符号±表示	$[0/\pm 45]_s$	0
			＋45
			－45
			－45
			＋45
			0

续表

符号名称	说 明	标识示例	
铺层顺序重复符号	铺设的铺层顺序重复出现，用下角标数字表示重复次数	$[0/90]_{2T}$	90
			0
			90
			0
混合铺层符号	当不同纤维的铺层混合时，用下角标区分： C — 碳纤维 B — 硼纤维 G — 玻璃纤维 K — 芳纶纤维	$[0_{2C}/45_C]_S$	0_C
			0_C
			45_G
			45_G
			0_C
			0_C
单向与双向铺层混杂符号	当单向与双向铺层混合铺设时，用（）表示双向铺层	$[0/(0,90)/(+45)]_S$	0
			（0，90）
			（±45）
			（±45）
			（0，90）
			0

层合板设计（即铺层设计）是复合材料结构设计中很关键的设计工作之一，也是复合材料结构设计特有的工作内容。层合板设计主要包括选取合适的铺层角，确定各铺层的百分比和铺层顺序 3 方面内容，具体包括铺层的取向和铺层的铺设顺序以及各种铺层相对于总层数的百分比和总层数。

1. 铺层的取向

依据层合板所承受的载荷来确定铺层的取向。通常，0°铺层用来承受轴向载荷；±45°用来承受剪切载荷；90°铺层用来承受横向载荷和控制泊桑效应。

2. 各种铺层相对于总层数的百分比和总层数

各种铺层相对于总层数的百分比和总层数在综合考虑设计要求后确定。根据经验，任一铺层角的铺层所占百分比最少为 10%。

3. 铺层顺序

铺层设计中，除特殊需要外，应采用均衡对称铺层。同一铺层角的铺层不要过多集中在一起，层数一般不超过 4 层，否则易出现层间分层。在结构的厚度变化区域，铺层数递增或递减形成台阶，每层台阶宽度相近，还要在表面铺设连续覆盖层，以防剥离。

4. 混杂复合材料的铺层设计原则

混杂复合材料的主要特性是通过两种或两种以上纤维的混杂，用一种纤维材料的优点去弥补另一种纤维材料的缺点，以得到综合性能较好的混杂复合材料。目前民用飞机结构上主要采用将碳纤维加入芳纶混杂复合材料的设计方法。

单一纤维复合材料层合板的铺层设计方法仍适用于混杂复合材料。

1.7.2 蜂窝夹芯结构

1. 什么是蜂窝夹芯结构

蜂窝夹芯结构通常是由比较薄的面板与比较厚的芯子胶接而成的。一般面板采用强度和刚度比较高的材料,芯子采用密度比较小的材料,如蜂窝芯、泡沫芯和波纹板芯等(见图 1-11)。

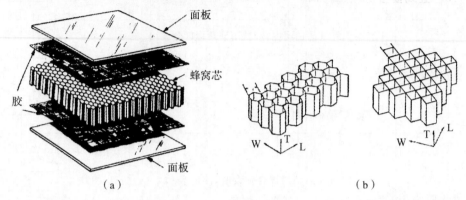

图 1-11 蜂窝夹芯结构

(a)夹层结构;(b)蜂窝芯子

夹芯结构具有质量轻,弯曲刚度及强度大,抗失稳能力强,耐疲劳、吸音和隔热等优点,因此在飞行器结构上得到了广泛应用。对结构高度大的翼面结构,蒙皮壁板(尤其是上翼面壁板)采用蜂窝夹芯结构取代加筋板,能明显减轻质量;对于结构高度小的翼面结构,如操纵面,采用全高度夹芯结构代替梁肋式结构,能带来明显的减重效果。以复合材料层合板为面板的夹芯结构,由于材料的相容性,目前普遍采用 Nomex 蜂窝芯子。

夹芯结构上、下两块面板承受轴向、弯曲和面内剪切载荷,面板和夹芯之间的胶层作用是把剪切载荷传递到夹芯上,或者从夹芯传递到其他相连结构上。胶黏剂将面板和芯子胶接成整体,传递面板和芯子之间的载荷;芯子支持面板承受垂直于面板的压缩应力,并能防止面板引起的屈曲,此时芯子承受压缩和剪切载荷。

2. 蜂窝夹芯结构的特点和在飞机上的应用

(1)蜂窝夹芯结构的特点。

1)具有较大的弯曲刚度和弯曲强度。蜂窝夹芯结构是在两层具有较高强度和刚度的面板之间夹以轻质、厚度较大的芯材,在几乎没有增加质量的情况下,使构件受力面的厚度大大增加,因此具有较大的弯曲刚度和弯曲强度,从而增加了夹芯结构受压和受剪的稳定性。

2)具有极好的吸声、隔热和隔声的性能,具有较高的耐声振疲劳性能。

3)与厚度等于上、下面板厚度之和的平板相比,具有更高的抗弯刚度。

(2)蜂窝夹芯结构存在的问题。

1)用蜂窝夹芯结构制成的部件之间的连接设计比较困难,部件发生损伤时修理和更换比较麻烦,而且在蜂窝夹芯结构制成的部件上进行大开口设计也比较困难。

2)抗湿热环境能力差,要特别注意防潮密封。

(3)蜂窝夹芯结构在飞机上的应用。

目前来说,蜂窝夹芯结构在飞机上多用于以下部件结构。

1）承受局部气动载荷,起整流作用的部件,如发动机短舱、整流罩、机翼前缘和翼稍整流件等。

2）安装进行通信导航天线上的整流件。

3）受力较小的操纵面和调整片,如舵面、襟翼、扰流板和调整片等。

1.7.3　金属复合层胶接结构

利用胶接技术将纤维复合材料与铝合金材料结合起来,形成一种新型的结构材料——纤维铝合金复合层板胶接结构。目前这种结构件在飞机上的应用还不是很多。不久的将来,铝基复合材料可能会得到较广的应用。

1.8　结构装配技术

1.8.1　铆接

1.铆接的基本概念

铆接是将两个或者两个以上的构件用金属铆钉铆合在一起的一种装配工艺,如图 1-12 所示。在金属框架结构中,大多数永久性连接采用铆钉或螺栓连接。铆接是最便宜和轻便的连接方法,而且组装起来比螺栓连接更快速便利。

铆钉的广泛使用,使得厂家对铆钉的设计采用标准化,确保给定类型的金属结构,铆钉类型和大小可随时满足装配、工作的需要。铆钉的外形是金属销钉形式,铆钉头在生产时已预制成型,铆钉杆身则是插入待连接件预制铆钉孔中的圆柱形直杆。

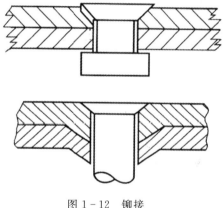

图 1-12　铆接

铆接时,利用手工或气动工具将铆钉杆敲击、挤压形成墩头,从而将构件铆夹贴合。另外一种铆接方法是将铆钉从内部向外穿,铆钉杆从锥形孔中露出来,铆钉成型后填满锥形孔,再通过磨床将突出部分磨平,保持机身的光滑外表。

铆钉连接具有密封性、装配工艺简单、便宜且质量轻的特点,所以在连接强度满足要求的条件下,优先选用实芯铆钉。

在飞机结构设计时,尽量使螺钉和铆钉承受剪切力。通常承受拉伸的紧固件采用螺栓连接,但有时候铆钉会受到较小的拉伸力。例如在使用铆钉固定蒙皮时,上表面是负压,蒙皮的铆钉就会受拉伸,解决这个问题的方法是加密铆钉间距,进而减小每个铆钉承担的拉力。

2.铆接基本要求

在进行飞机结构修理时,如需要采用铆接,必须查阅相应技术手册,制订正确的工艺规程。

首先根据铆接部位的应力类型及待铆件的材料、厚度尺寸和飞机上的位置等,选择铆钉的头型、尺寸和种类。一般来说,铆钉直径不得小于铆板中较厚板尺寸的 3 倍,铆钉长度应等于待铆件总厚度再加上形成适当墩头所需的杆长(铆钉直径的 1.5 倍),再根据铆钉直径确定铆钉间距和边距,结合待铆件平面尺寸确定所需铆钉数,并在铆件平面上画出铆钉孔位置,用样冲定位。

接下来采用手钻或轻型台钻预制铆钉孔。118°夹角麻花钻头用于硬质金属上钻孔,并应低速运转;90°夹角麻花钻头用于软质金属上钻孔,并应高速运转。先钻一个比铆钉直径稍小的孔,然后用与铆钉相配尺寸的钻头扩孔,获得所需尺寸的铆钉孔。如果采用埋头铆钉,则钻孔后还需采用锪钻或压窝的方法加工埋头孔。

铆钉孔预制好后,根据所选用的铆钉种类,采用相应的铆接工具和方法进行铆接。安装实心铆钉时,应注意最终形成的墩头直径为铆钉直径的 1.5 倍,而墩头高度应当为铆钉直径的一半。

更换或拆卸铆钉时,应当特别注意保持铆钉孔的原有尺寸和形状。必须在铆钉头一边进行拆除施工。如果是圆头或者扁圆头铆钉,应首先将铆钉头顶部锉平,并用样冲对准铆钉中心冲窝。选用比铆钉杆直径稍小的钻头,对准铆钉头中心位置垂直钻入,直到铆钉头沿钻杆上升为止,然后用比铆钉直径稍小的冲头向墩头方向打出剩余的铆钉杆。

1.8.2 黏结

黏结是借助胶黏剂在固体表面上产生黏合力,将同种或不同种材料牢固地连接在一起的方法。黏结由胶层、界面区和被接物共同组成。黏结工艺常常使用在结构密封及蜂窝结构、塑料构件、玻璃纤维构件等非金属材料的修理中。

1. 简介

飞机结构部件连接的常用方法是铆接,但也有采用黏结的方法,即使用合成树脂胶将两个面黏起来。例如使用垫压法将桁条黏结到机身蒙皮上。

2. 优点

(1)节约质量,不要铆钉。

(2)没有钉孔,减少了裂纹形成的可能性。

(3)没有钉头,外表面光滑。

(4)隔离电化学腐蚀,因为没有湿气聚集空间。

(5)比铆钉结构连接更牢固。

(6)在增压区不会造成漏气。

3. 缺点

(1)不均匀扯离强度和剥离强度很低。

(2)工作温度低,一般限制工作温度低于 260 ℃以下。

(3)黏结质量易受各种因素影响而不稳定。

(4)存在"老化"问题,无损检测方法受局限。

4. 黏结理论

黏结理论有很多,其主要理论有吸附理论、静电理论和扩散理论、化学结合理论和机械结合理论。

5. 湿润与黏结的关系

要使胶接剂与被黏物紧密黏附并具有足够高的强度,首要条件是胶黏剂必须与被黏结表面良好接触,也就是胶接表面必须能被胶液充分湿润(浸润)。

液体与固体表面的浸润分析,如图 1-13 所示。

其中:

γ_{LV}——液体/气体界面张力,近似于液体表面张力;

γ_S——固体表面自由能；

γ_{SL}——液体与固体表面的相互吸引力的合力，就是其界面张力。

由以上可知：

$$\gamma_{LV} \cos\theta = \gamma_S - \gamma_{SL} \tag{1-1}$$

$$\cos\theta = \gamma_S - \gamma_{SL} / \gamma_{LV} \tag{1-2}$$

可以看出：

(1)θ 越小，表示浸润得越好；

(2)当 $\theta = 0°$，即 $\cos\theta = 1$ 时，完全浸润；

(3)当 $\theta = 180°$，即 $\cos\theta = 0$ 时，完全没有浸润。

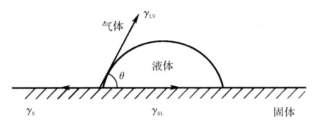

图 1-13　液体对固体表面的湿润平衡状态

由此可见，浸润是指在界面分子力的作用下，液体在固体表面均匀铺展的现象。

液体-固体体系的黏附功为 $W_a = \gamma_{LV}(1 + \cos\theta)$，$\theta$ 越小，黏附功越大。

6.影响黏结件质量的因素

(1)搭接件的长度和宽度。胶接件受剪力和附加拉应力的作用，其破坏载荷与尺寸的关系如图 1-14 所示。

由图 1-14 可以看出，当胶接面宽度一定时，增加搭接长度，接头所承受的破坏载荷有所提高。但增加到一定长度后，承载能力会很难提高。这是因为，搭接长度增加，应力集中情况更加严重，靠近边缘处应力增大，而靠近中间部分应力则减小；当搭接长度到达某一定值时，中间部分应力减小到零；继续增加搭接长度，只能增加应力为零的中间区域，而不能使两端应力减小，不能使胶接件承载能力增大。搭接宽度则不同，胶接件承载能力随着搭接宽度的增加而直线上升。

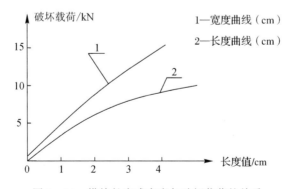

图 1-14　搭接长度或宽度与破坏载荷的关系

(2)剥离。剥离是一种较软的材料与一种大刚度材料胶接时常出现的一种受力状态。剥离时，应力集中在胶缝边缘的一条线上，其余部分并不同时受力。

由图 1-15 可以看出，剥离角 α 越大，抗剥离强度越强；剥离角 α 越小，抗剥离强度越低。

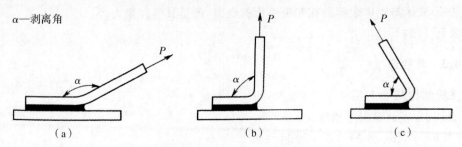

图 1-15　剥离接头示意图

(a)α 大于 90°；(b)α 等于 90°；(c)α 小于 90°

(3)不均匀扯离。为了提高胶接的强度，降低不均匀扯离受力状态，接头黏结应注意以下几方面。

1)受力方向应在胶接强度最大的方向上；

2)提高黏结面积，提高接头承载能力；

3)避免应力集中，减少产生剥离、劈开和弯曲的可能；

4)胶层薄而连续，尽量均匀，避免欠胶。

(4)黏结构件的表面处理。胶接强度不仅与被黏物表面粗糙度有关，而且与不同糙化方法所产生的不同表面几何形态有密切关系。因此，应根据构件的浸润性，适当处理构件表面。例如：喷砂法处理铝合金时，黏结效果与磨料的种类、大小和形状有关，锐利磨料比用球形磨料处理的表面有更好的胶接强度；如果被黏物呈"毛羽"状态，可显著提高胶接强度，如轮胎中橡胶与帘线纤维的胶接强度就非常高。

7. 胶层厚度

涂胶时，胶层厚度与剪切强度之间的关系为

$$\tau_b = A - B \lg\delta \tag{1-3}$$

式中

τ_b —— 剪切强度(Pa)；

δ —— 胶层厚度(mm)；

A、B ——常数。

从式(1-3)可以看出，胶层越薄越好。

但实际上，胶层厚度薄到一定程度时，容易产生缺胶，剪切强度随着胶层厚度变小会呈下降趋势(见图 1-16)。对于飞机结构来讲，一般规定胶层厚度为 0.01~0.25 mm。

8. 黏结结构的 4 种破坏形式

(1)被黏物破坏。

(2)内聚破坏。当外力作用时，胶接的内聚力小于黏附力，发生内聚破坏，破坏完全发生于胶层之中。

(3)界面破坏，即胶层完全从胶面上脱离。

(4)混合破坏。

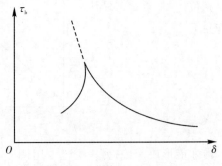

图 1-16　τ_b 与 δ 的关系

9.修理

由于需要复杂的设备来获得压力和温度,通常只有生产厂家才可以进行黏结。小的修理按结构修理手册(SRM)进行胶接。

1.8.3　螺栓连接

在飞机结构某些连接处要求有很高的抗拉强度和刚度,且在服役维护工作中需要频繁拆卸分解或更换时,需采用螺栓或螺钉这两种紧固件进行连接,如图 1 - 17 所示,以满足结构的可靠性、牢固性和可拆卸性。螺栓连接用于连接强度较高的部位,螺钉用于连接强度较低的部位。用螺栓代替铆接来固定永久性连接,主要用于将蒙皮板与其他高应力结构连在一起,比如主翼大梁端头和安装点、起落架和安装点、发动机和安装吊舱的连接等。

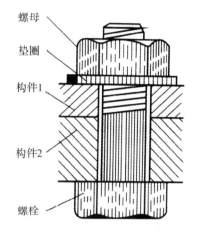

图 1 - 17　螺栓连接示意图

还有另外一种特殊的紧固件,称为快卸钉,需要使用螺丝刀转动 90°来松开或锁紧,主要用在固定包皮、盖板等非主要结构处。

航空螺栓有镀铬或镀锌不锈钢、无镀层不锈钢和经表面阳极化处理的铝合金等。普通六角螺栓广泛应用于结构装配,承受拉伸或剪切应力。常用于结构类修理的螺栓还有内六角螺栓、高锁螺栓等。其中内六角螺栓(Hex - Drive Bolt)比实芯铆钉具有高剪力传递能力和轴向载荷承受能力,能够提供比实芯铆钉高的轴向预紧力(夹紧力)。Hi - Lok 螺栓是内六角螺栓的一种,通常用于实心铆钉不能满足载荷连接强度要求,或难以安装实心铆钉的结构。民航维修中常见蓝色、红色的 Hi - Lok 螺栓为铝合金螺栓,乌黑色为合金钢螺栓。

正常情况下,螺栓与螺母配合使用。有的螺母为自锁螺母,还有的螺母可以使用保险丝或开口销保险。在长时间使用而不常拆卸的地方,可以使用像高剪力、高锁或类似的紧固件。

定力矩是为了确保工件正确、有效地夹紧在一起,也可以防止接合面过应力、变形和螺栓的剪断等。因此,大多数螺栓和螺帽连接都要进行定力矩。力矩值通常在维护手册中给出,其大小依据摩擦力、螺纹类型、材料、表面粗糙度和润滑等因素决定,维修外场通常使用力矩扳手进行定力矩。为了得到自锁螺母的正确力矩,有时使用力矩指示垫片。力矩指示垫片被锁紧到位后,自锁螺母的压紧值就是预设的力矩值。力矩指示垫片不可重复使用。

1.9　结构用紧固件

1.9.1　铆钉

应用于飞机制造和修理的铆钉有两大类,一类是常见的普通实心铆钉,它必须利用垫铁敲击才能形成铆接;另一类是专用铆钉,应用于因施工空间限制而不能使用垫铁的被连接部位。

铆钉是金属杆型紧固件,主要设计用途为抗剪切外力。大多数的铆钉为铝合金材质,通过铆钉头部的标识,可以鉴别铆钉的材质。工程上通常采用十字坐标标注法(见图 1 - 18),将铆钉的标准代号、尺寸规格及安装状态等以字母和数字标注在十字线的各个象限内,十字线引注在平面视图中的铆钉中心处。

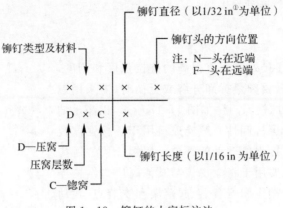

图1-18　铆钉的十字标注法

1.9.1.1　实心铆钉

实心铆钉的钉杆由实心材料制成,根据铆钉的材料、头型和尺寸不同,应用于不同要求的连接。

1. 铆钉的头型

实心铆钉的尺寸如图1-19所示,头型如图1-20所示。实心铆钉的类型以铆钉的头部形状而定,两种常见的实心铆钉类型是凸头铆钉和埋头铆钉。凸头铆钉用于内部件;埋头铆钉由于气动阻力小,有助于减少扰流,用于外部连接。

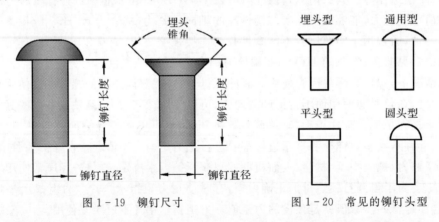

图1-19　铆钉尺寸　　　　图1-20　常见的铆钉头型

凸头铆钉通常使用蘑菇状和通用头形。正常情况下埋头铆钉的铆钉头角度为100°,有时也可见到120°和90°的埋头铆钉。用于埋头铆钉的孔为切削成埋头型,或者是冷拉成埋头型,这主要取决于金属板的厚度和铆钉的直径。通常来说,在0.036 in以下(含0.036 in)厚度的板,采用冷拉成锥形钉孔,而厚一些的金属板则可以切削出埋头形状。

2. 铆钉材料

航空用的实芯铆钉多数由铝合金材料制成,也有不锈钢、蒙耐尔合金等材料制成的铆钉。不同材料制成的铆钉,其性能不一样。为了区别铆钉材料的不同,通常在铆钉头端面上制出规

---

① 1 in＝2.54 cm。

定的标识,以便识别。例如,在铆钉头端面上制有凹点、凸点、凸划和凸十字等标识来表示铆钉的材料,如图 1-21 所示。在材料成分、热处理性质、强度规范等方面为了标识与区分,国外采用字母结合数字来表示(见表 1-4),如 1100,2117-T,2017-T,2024-T,5056 等。

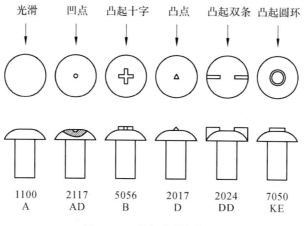

图 1-21　铆钉的材料标识

表 1-4　波音公司部分铆钉类型

铆钉种类		通用头型	通用头型的改型	100° 沉头	100° 小沉头	82° 沉头	120° CSK/CB
材料	标识	标准铆钉 NO.					
		BACR15BB	BACR15FT	BACR15BA	BACR15CE	BACR15FH	BACR15FV
2117(AD)	凹点						
2017(D)	凸点(*除外)				*无标识		
2024(DD)	凸起双条						
5056(B)	凸起十字						
1100(A)	光滑						
7050(KE)	凸圆(*除外)						*凹圆
MONEL(M) NICKEL-COPPER	光滑						

　　1100 系列铆钉含纯铝 99.45%,质地柔软,一般仅用于铆接对载荷强度没有要求的软铝合金件。

　　2117-T 系列铆钉被称为"外场铆钉"。因为这种铆钉柔韧性好、耐腐蚀性优良,使用时不需再进行热处理,可直接使用,所以应用很广。但在高应力区以及原结构上采用 2024 铆钉时,绝不能用 2117 铆钉代替。

2017－T,2024－T 系列铆钉具有较高的剪切强度和硬度,它又被称为"冰箱铆钉"。这是因为这两种材料制成的铆钉在淬火后必须立即放入 0 ℃以下的冰箱中冷藏,以保持它的塑性,否则它在室温下会自然时效变硬而不能铆接。因此,2017 铆钉从冰箱中取出后,必须在 1 h内铆接好;2024 铆钉则要求在 10～20 min 内铆接好,否则必须重新热处理。低温(0 ℃以下)保存能延缓 2017 和 2024 铆钉的自然硬化期,通常在－15～－20 ℃冰箱中保存,一般可保持两个星期左右不硬化。冰箱铆钉铆接后 1 h 左右,只具有其一半强度,约四天时间后铆钉才能达到其设计强度。

5056 系列铆钉由于含 5%的镁,具有较高的剪切强度,应用于铆接镁合金构件。

3.铆钉的型号规格标识

普通铆钉的型号规格标识由铆钉制造标准代号、头型代号、材料代号、铆钉杆直径和铆钉杆长 5 个部分组成。

常见的铆钉制造标准代号有 AN(美国空军海军标准)、MS(美国陆军标准)和 NAS(美国国家航空标准)三种,头型代号按各自的制造标准用 3～5 位数字表示,材料代号用英文字母表示,铆钉杆直径用数字表示并以 1/32 in 为计量单位,铆钉杆长度用数字表示并以 1/16 in 为计量单位。

铆钉的型号规格标识示例:

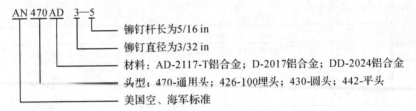

AN 470 AD 3—5

铆钉杆长为5/16 in
铆钉直径为3/32 in
材料:AD-2117-T铝合金;D-2017铝合金;DD-2024铝合金
头型:470-通用头;426-100埋头;430-圆头;442-平头
美国空、海军标准

1.9.1.2 专用铆钉

飞机上有一些部位,由于空间限制,不允许采取垫铁顶铆的方式,无法采用普通实心铆钉进行铆接。另外,有些部位可能有某些特殊要求。或者连接强度要求不高的某些非结构件,可根据具体情况采用专用铆钉,在工件单侧使用专用工具进行铆接成型。

专用铆钉因为形状差异明显,一般不制标识。专用铆钉种类很多,常用类型有拉铆钉、高抗剪铆钉、螺纹铆钉等。

1.拉铆钉

拉铆钉又称盲铆钉、抽芯铆钉,是最常用的专用铆钉。它的承剪能力较低,主要用于受力较小或工作面不开敞处,须使用专门的拉铆工具进行铆接。拉铆钉具有以下特点。

(1)施铆后对被连接件产生较高的夹紧力,能充分消除结构间隙。

(2)对结构尺寸变化适应性好,同一长度的拉铆钉可铆接一定厚度范围的夹层。

(3)在振动、冲击较大的部位使用可靠。

(4)连接件的抗疲劳性能好。

(5)需使用专用双动拉铆枪施铆。

常见的拉铆钉有自塞摩擦锁紧式拉铆钉和自塞机械锁紧式拉铆钉两类。

自塞摩擦锁紧式拉铆钉由带铆钉头的空心杆体(套管)和穿过杆体的芯杆两部分组成,如

图 1-22 所示。该类铆钉的头型有通用头型和 100°埋头两种。铆钉常用的制造材料为：空心杆体材料有 2117 和 5056 铝合金两种，芯杆材料一般为 2117 铝合金。这种铆钉铆接时，铆钉芯杆肩端被拉逐渐挤入套管尾端，将套管尾端挤胀变粗，芯杆受到的拉铆力（即摩擦阻力）也逐渐增大。当拉铆力达到预定值时，芯杆在其刻有断裂槽纹的位置突然断裂，从而完成铆接。铆接后芯杆断口略高出铆钉头端面，该断口需要进行修整。自塞摩擦锁紧式拉铆钉不宜用在遭受剧烈振动的部位，因为在这种环境下，该类铆钉可能会发生松动甚至脱落。目前自塞摩擦锁紧式拉铆钉只用于小型飞机的修理。

自塞机械锁紧式拉铆钉在结构上比摩擦式多了一个锁紧环，如图 1-23 所示。自塞机械锁紧式拉铆钉铆接完毕，锁紧环会紧紧卡入拉杆上的凹槽中。这种铆钉即使受到剧烈振动也不会松脱，而且这种铆钉的拉杆断口一般不需要修整。自塞机械锁紧式拉铆钉一般用于承受振动、疲劳载荷等重要结构的单面铆接，它被广泛用于现代飞机的制造和修理中。自塞机械锁紧式拉铆钉的铆接过程如图 1-24 所示。

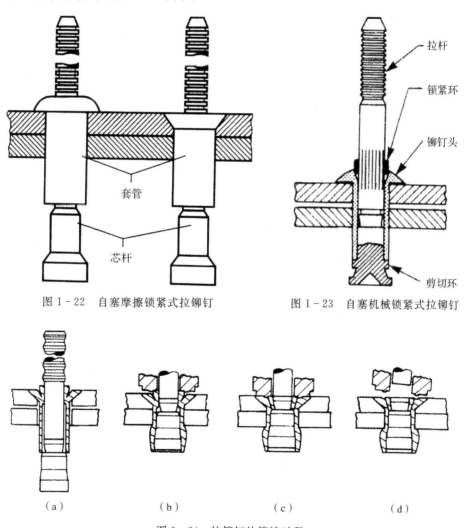

图 1-22 自塞摩擦锁紧式拉铆钉　　图 1-23 自塞机械锁紧式拉铆钉

（a）　　　　（b）　　　　（c）　　　　（d）

图 1-24 拉铆钉的铆接过程
（a）放钉；（b）抽芯；（c）套环锁紧；（d）断钉

常见自塞机械锁紧式拉铆钉的型号规格标识：

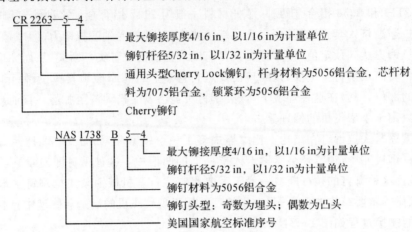

铆接时，对拉铆钉杆身长度的选定，一般用下列两种方法来确定：

(1)用铆接厚度量规测量被铆接件的总厚度来确定杆身长度。铆接厚度量规的外形及其使用方法分别如图1-25和图1-26所示。

(2)将铆钉装入铆孔后，芯杆尚未受拉时杆身露出的长度应在3/64～1/8 in之间，如图1-27所示，A为待铆材料的总厚度（铆接范围），$B＝3/64～1/8$ in，C为铆钉长度。

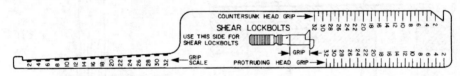

图1-25　铆接厚度量规

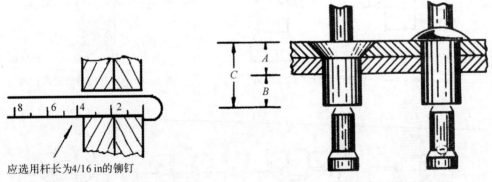

应选用杆长为4/16 in的铆钉

图1-26　铆接厚度量规的使用方法　　　　图1-27　确定拉铆钉长度

2.高剪切应力铆钉

高剪切应力铆钉又称为销桩式铆钉或高抗剪铆钉，是常见的高强度铆钉。它广泛用于飞机高强度结构区域，主要用于承受高剪切载荷的部位，例如用在飞机中央翼、大翼根部上翼面及水平安定面根部上翼面的各肋与蒙皮连接处。

高剪切应力铆钉由销桩和锁圈两部分组成，如图1-28所示。它具有质量轻和强度高的优点，具有同一直径螺栓相同的承剪强度，而其质量只有螺栓的40%，有时可替代常规的AN标准螺栓和螺母。高剪铆钉的杆身与铆孔的配合为过盈配合。

高剪切应力铆钉需从两面施工,安装时,先将高剪铆钉用手锤敲入铆孔,待铆钉杆尾露出后套上锁圈,然后从一面顶住铆钉头,从另一面用铆枪将锁圈轧装于铆钉杆凹弧槽位置,紧固牢靠形成铆头。

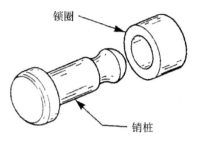

图1-28 高抗剪铆钉

型号规格标识:

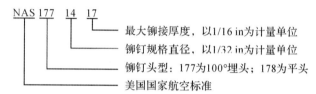

高剪切应力铆钉在波音公司标准(Boeing Aircraft Company,BAC)的代号有 BACR15AZ(100°埋头高剪切应力铆钉)、BACR15BE(凸平头高剪切应力铆钉)等。

3. 螺纹铆钉

螺纹铆钉(Threaded Rivets)又称为铆钉螺帽,是一种带有内螺纹的空心铆钉。螺纹铆钉最早的设计是用来将橡胶防冰套安装到机翼或飞机尾部表面上,现已推广用于飞机次要结构,如安装仪表、托架和隔音材料等。

螺纹铆钉的头型通常有平头和100°埋头两种(见图1-29)。100°埋头螺纹铆钉头的高度有 0.048 in 和 0.063 in 两种。当在较薄材料的埋头窝上装该类铆钉时,应使用钉头高度较薄的一种。无论平头还是埋头螺纹铆钉,均具有凸齿和不带凸齿的两种铆钉头型。使用钉头上具有单凸齿的螺纹铆钉,需用专用的凹槽剪在铆孔周围剪一小缺槽口以容纳钉头上的凸齿,从而可防止铆钉转动。不带凸齿的螺纹铆钉仅用在不承受扭转负荷的部位。

螺纹铆钉的钉尾有尾部通孔和盲孔两种型式。一般场合多用尾部通孔型式的螺纹铆钉。钉尾为盲孔型式的螺纹铆钉主要用于要求气密的场合,如气密舱。

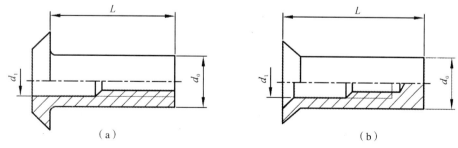

图1-29 螺纹铆钉
(a)平头型(通孔);(b)100°埋头型(盲孔)

螺纹铆钉杆的直径 d_0 有 3/16 in,7/32 in 和 1/4 in 三种,其内孔 d_1 依次制有 6 - 32,8 - 32 和 10 - 32 的美国国家标准螺纹。(注:6,8,10 分别指美标螺纹号,换算方法公式为 $25.4 \times (0.06 + 0.013 \times$ 螺纹号)$,螺纹公称直径分别为 3.505 mm,4.166 mm,4.826 mm;32 指每 1 in 内平分 32 个螺牙,故牙距为 0.794 mm。)

螺纹铆钉杆长 L 有多种杆号,每一种杆号的螺纹铆钉有其合适的铆接厚度范围。从铆钉头端面的径向短划标记可辨别其属于哪一种。铆接厚度最小的一种,钉头端面无任何标记;厚度稍大的一档,钉头端面上有一道径向短划;厚度越大,则径向短划根数越多。螺纹铆钉的钉头标识、杆号及铆接厚度范围见表 1-5。

表 1-5 螺纹铆钉的类型及规格

平头	杆 号	45	75	100	120	140	160
	铆接厚度 in	0.010~0.045	0.046~0.075	0.076~0.100	0.101~0.120	0.121~0.140	0.141~0.160
100° 埋头	杆号	91	121	146	166	186	206
	铆接厚度 in	0.048~0.091	0.092~0.121	0.122~0.146	0.147~0.166	0.167~0.186	0.187~0.206
	杆号	106	136	161	181	201	221
	铆接厚度 in	0.063~0.106	0.107~0.136	0.137~0.161	0.162~0.181	0.182~0.201	0.202~0.221

螺纹铆钉的型号规格用数字和字母来表示,例如 10KB106。该标识的左边一组数字由一位数或两位数组成,表示该铆钉的内螺纹尺寸号数;右边一组数字由两位或三位数字组成,表示该铆钉的最大铆接厚度,以 1/1 000 in 为计量单位。两组数字的中间有英文字母或短划标识,用来表示铆钉的钉尾构造和钉头带不带凸齿。若该处为一短划,表示该铆钉的钉尾为通孔、钉头上无凸齿;若该处为字母 B,则表示铆钉的钉尾为盲孔(即尾端是封闭的)、铆钉头上无凸齿;若该处为字母 K,则表示该铆钉的钉尾为通孔、钉头上有凸齿;若该处为字母 KB,则表示该铆钉的钉尾为盲孔(即尾端是封闭的)、钉头上有凸齿。

标识举例:

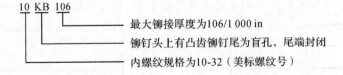

10 KB 106
— 最大铆接厚度为106/1 000 in
— 铆钉头上有凸齿铆钉尾为盲孔,尾端封闭
— 内螺纹规格为10-32(美标螺纹号)

4.冠头铆钉

冠头铆钉是在普通沉头铆钉的基础上发展起来的,在普通沉头铆钉的沉头平顶面上制一冠状突起。冠头铆钉按其钉头顶面突起的形状可分为 3 种,如图 1-30 所示。冠头铆钉是一种能显著提高接头疲劳性和密封性的特种沉头铆钉。冠头铆钉与标准普通沉头铆钉相比,疲劳性能可提高 4~6 倍。

冠头铆钉主要用于气密铆接。冠头铆钉可用专用铆接,也可手工铆接。施铆时,冠状突起部分的金属流向沉头的锥面部位和沉头下的钉杆部位,从而使沉头窝和钉孔产生一定的干涉量。施铆后的冠头铆钉外形与普通沉头铆钉一样,钉头顶面与结构平齐。

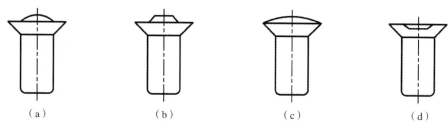

图 1-30 冠头铆钉及其种类
(a)半冠头铆钉;(b)半冠头铆钉;(c)全冠头铆钉;(d)凹冠头铆钉

5. 无头铆钉

无头铆钉是一种无铆钉头的圆柱体,在专用设备上施铆后形成钉头(沉头)和镦头。无头铆钉施铆后可与钉孔形成大而均匀的干涉量,可使接头疲劳寿命提高 1~2 倍,铆接的结构气密性和液密性良好,因此无头铆钉主要用于疲劳性能要求高及有气密要求的铝合金结构铆接。

无头铆钉不能用手铆,基本上全部用自动钻铆设备铆接,其铆接过程如图 1-31 所示。

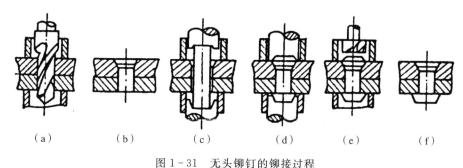

图 1-31 无头铆钉的铆接过程
(a)钻孔;(b)锪窝;(c)放钉;(d)施铆;(e)铣平;(f)铆接完成

6. 环槽铆钉

环槽铆钉又称环槽钉,英文称为锁螺栓(Lock Bolt)或虎克螺栓等。环槽铆钉由钉杆和钉套组成,钉杆以断颈为界分为工作段和工艺段(夹持段),如图 1-32 所示。环槽铆钉主要用于承受剪力的结构连接。

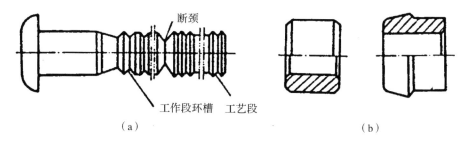

图 1-32 环槽铆钉
(a)钉杆;(b)钉套

环槽铆钉分为抗拉型和抗剪型。抗拉型环槽铆钉的工作段上一般制有 4 条环槽,抗剪型环槽铆钉的工作段上有 2 条。在工艺段上制有若干条浅齿环槽,供安装时工具夹持用。断颈槽一般为 V 形,型面角为 60°,直径为钉杆直径的 6/10。当安装时的拉铆力达到预定值时,钉杆从断颈槽处断开。钉套为内径略大于钉杆工作段环槽外径的环形零件,施铆时钉套在工具模腔内向内受压变形,与钉杆工作段环槽部分紧紧贴合。

对于有夹持段的环槽铆钉,施铆时可用专用工具与设备拉铆;而对于钉杆无夹持段的环槽铆钉,则采用镦铆进行铆接。

环槽铆钉能承受较高的剪力和拉力,其抗疲劳性能也较好。它可以代替相同材料及相同直径的螺栓,并且优于螺栓。

7. 双金属铆钉

双金属铆钉是应用惯性摩擦焊,将两种不同的金属材料制成一体的连接件。这种铆钉是钛合金结构和复合材料结构极其理想的连接件。双金属铆钉具有质量轻、耐腐蚀、安装简单等特点。图 1 - 33 为美国 Cherry 公司制的 Cherry buck 双金属铆钉。

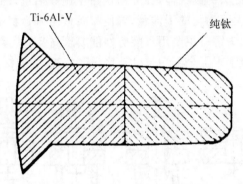

图 1 - 33 Cherry buck 双金属铆钉

8. 形状记忆铆钉

形状记忆铆钉由形状记忆合金(如镍钛合金)制造。这种合金具有一种独特的性能,即产生与温度有关的相变,合金的相变可以引起很大的形状变化。若记忆合金选择适当,铆钉设计合理,铆钉安装在结构孔内后,在使用温度下的相变会产生预期的变形,如钉杆可径向膨胀与结构孔形成均匀的干涉量。精确设计后可制成具有很大干涉量的气密和油密单面连接铆钉。形状记忆铆钉耐腐蚀、无磁性、质量轻,但记忆合金成本高,其外形与安装过程如图 1 - 34 所示。目前,我国已有国产镍钛形状记忆铆钉用于飞机结构的修理。

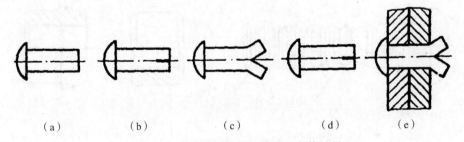

图 1 - 34 形状记忆铆钉的外形及安装过程

(a)形状记忆铆钉;(b)杆端部开口;(c)分叉;(d)低温变形合并开口后置于低温下保存;

(e)安装时,迅速装入孔内,温度升高,开口自动分开,铆钉安装结束

1.9.2　胶黏剂

1.9.2.1　胶黏剂的组成

胶黏剂的组成主要为粘料、固化剂与促进剂、填料、稀释剂以及其他助剂。

1. 黏料

黏料也称基料或主剂,一般有以下几种。

(1)合成树脂:热固性树脂,热塑性树脂。

(2)合成橡胶:氯丁橡胶,丁腈橡胶,丁基橡胶,聚硫橡胶。

(3)天然高分子:淀粉,蛋白质,天然橡胶。

(4)无机化合物:硅酸盐,磷酸盐等。

2. 固化剂与促进剂

由于基料的不同,其对应选用的固化剂也不一样。环氧树脂固化剂很多,结构胶常用咪唑类固化剂(如二氰二胺或低分子聚酰胺)固化;非结构胶常用胺类固化剂在室温固化;耐高温的环氧胶用酸酐类固化剂。橡胶用的固化剂,如硫化剂、过氧化物、金属氧化物等。

促进剂的作用是加速胶黏剂中的树脂与固化剂反应,缩短硫化时间,降低固化温度以及调节胶黏剂中的树脂固化速度。其组分可分为酸性和碱性两类,酸性有三氟化硼络合物、氯化亚锡、锌酸亚锡等,碱性包括大多数有机叔胺类、咪唑化合物等。

3. 填料

填料对黏合剂有很大影响,其作用有以下几点。

(1)可以增加胶黏剂的黏度;

(2)对内聚能低的胶黏剂起到补强的效果;

(3)可以调节固化过程收缩率,降低胶黏剂和被黏物之间的热膨胀系数差别;

(4)对胶黏剂的其他物理化学性能产生影响。

4. 稀释剂

其作用为降低胶黏剂黏度,降低胶黏剂的活性,改善工艺性能,延长使用期。

5. 其他助剂

它包括增韧剂、增塑剂、抗老化剂、防霉剂、阻聚剂、阻燃剂、着色剂等。

1.9.2.2　胶黏剂的种类

一般有以下 5 类胶黏剂:常温固化胶黏剂、低黏度胶黏剂、中温固化胶黏剂、发泡胶黏剂和高温固化胶黏剂。

1. 常温固化胶黏剂

常温固化胶黏剂主要用于结构的临时性修理,小面积损伤与表面装饰性修理。经 $60\sim80$ ℃处理后可提高力学性能并减少固化时间,常见的此类胶见表 1-6。

表 1-6　常见的常温固化胶

牌　号	固化条件	供应单位
SY-21	室温,3 天;60 ℃,4 h	北京航空材料研究所
SY-23B	室温,3 天;60 ℃,4 h	北京航空材料研究所

续表

牌　号	固化条件	供应单位
J39	≥8 ℃,24 h	黑龙江石油化学研究所
HT321/HT351	70 ℃,2 h	天津合成材料所
J‑101	室温,12 h+90 ℃,2 h	黑龙江石油化学研究所
J133	室温,5~7 天;60~80 ℃,2~3 h	黑龙江石油化学研究所

2.低黏度胶黏剂和化合物

低黏度胶黏剂用于注射修理压痕、层压板分层以及浸渍干态纤维织物。低黏度化合物可用于填充蜂窝芯和密封蜂窝夹层板的边缘。常见的此类胶见表1‑7。

表 1‑7　常见的低黏度胶黏剂和化合物

牌　号	固化条件	供应单位
J‑86	23±5 ℃,3 天;23 ℃,2 h;60 ℃,1 h	黑龙江石油化学研究所
HT303/HT351	70 ℃,3 h;100 ℃,1 h	天津合成材料所
DG‑8 灌注修补胶	23±5 ℃,5 天;60 ℃,4 h	晨光化工研究所
J‑153 灌注修补胶	23±5 ℃,7 天;60 ℃,3 h	黑龙江石油化学研究所
SY‑20C	80 ℃,1 h+120 ℃,3 h	北京航空材料研究所

3.中温固化胶黏剂或胶膜

中温固化胶黏剂或胶膜,固化温度一般在 120~130 ℃,使用温度一般在 80 ℃左右,一般为环氧树脂基材料,用于与预浸料的共固化,以及胶接非金属或金属材料。另外需注意的是,胶膜固化需要有一定的压力。常见的此类胶见表1‑8。

表 1‑8　常见的中温固化胶黏剂

牌　号	固化条件	供应单位
J88	120±2 ℃	黑龙江石油化学研究所
J95 胶膜	120~125 ℃	黑龙江石油化学研究所
SY‑24C/SY‑D9 胶黏剂体系	120~125 ℃	北京航空材料研究所
J159 胶膜	130 ℃	黑龙江石油化学研究所
LWF 胶膜	120~125 ℃	黑龙江石油化学研究所
J48 耐高温修补胶	100±5 ℃	黑龙江石油化学研究所
J150 结构修补胶	120 ℃	黑龙江石油化学研究所
J‑47 中温结构胶	125±5 ℃	黑龙江石油化学研究所
FM‑73M	120 ℃	CYTEC
AF‑163	120 ℃	3M

4.发泡胶黏剂

发泡胶黏剂是一种受热使其体积膨胀后再固化产生黏结作用的黏结剂,其膨胀率在150%～400%之间。发泡胶黏剂用于蜂窝块的拼接,填充蜂窝孔格和带有间隙的两个构件之间的胶接。常见的此类胶见表1－9。

表1－9　常见的发泡胶黏剂

牌　号	固化条件	供应单位
SY－P1	175±5 ℃,2 h	北京航空材料研究所
J－94	185±5 ℃,60～70 min	黑龙江石油化学研究所
J－97	120～125 ℃,2 h	黑龙江石油化学研究所
SY－P9	25±5 ℃,7 天;60 ℃,3 h;80 ℃,1 h	北京航空材料研究所

5.高温固化胶黏剂

由于在120 ℃高温时,铝合金开始出现晶界腐蚀倾向,该类胶在一般修理中使用不多。常见的此类胶见表1－10。

表1－10　常见的高温固化胶黏剂

牌　号	固化条件	供应单位
J－99A/B 胶膜	180±5 ℃,90±10 min	黑龙江石油化学研究所
SY－14	178±3 ℃,2±0.5 h	北京航空材料研究所
J－116	175～185 ℃,3 h	黑龙江石油化学研究所

1.9.2.3　胶黏剂的选用

(1)胶接修理时应尽可能选用室温或中温固化胶。

(2)根据被黏结构件的材料选择胶黏剂。现代飞机中所使用的材料主要是铝合金、镁合金、钛合金及复合材料,都是极性材料,因此尽可能选用极性胶黏剂,如环氧树脂胶、聚氨脂胶、酚醛树脂胶和丙烯酸酯胶。

(3)根据构件的形式和受力特点选择胶黏剂。

1)被黏物受剥离力、不均匀扯离力时,选韧性好的胶,如橡胶黏结剂、聚氨脂胶等。

2)被黏物受均匀拉力、剪切力作用时,选比较硬、脆的胶,如环氧树脂胶,丙烯酸酯胶等。

3)对于铝合金型材-蒙皮结构、多层板胶接等受力较大结构,可选择聚合物复合型结构胶,如酚醛-丁腈型、环氧-酚醛型;对于蜂窝夹层、波纹夹层结构,可选发泡胶,如酚醛-丁腈泡沫黏剂或酚醛-环氧泡沫黏剂。

(4)根据使用条件选胶。高温工作环境选耐高温的胶黏剂,冷热交变环境选韧性好、耐老化的胶黏剂。

(5)根据工艺性选胶。工艺性表现为:

1)金属表面的适应性,如铝合金表面阳极化处理或其他处理对胶接质量的影响;

2)胶黏剂要有较长的活性期;

3)涂胶后,胶层和胶膜间的自黏性好;

4)固化温度、压力的要求不苛刻；

5)固化时，胶接件边缘流胶较少；

6)重复固化后，不引起脱胶和胶接强度下降。

(6)满足经济性及其他要求。

1.9.3　内六角螺栓

航空结构构件固定除了最常见的六角通用螺栓外，内六角螺栓也运用广泛。内六角螺栓（MS-20004 至 MS-20024）由高强度钢材制成，如图 1-35 所示，适用于承受拉力和剪力复合作用的部位。螺栓头上的凹槽是用来插入内六角扳手的。当内六角螺栓安装在铝合金部件上时必须加装 MS-20002 垫圈。内六角螺栓的强度大大高于普通螺栓，因此绝不能用同尺寸的 AN 螺栓替代内六角螺栓安装在飞机结构上。

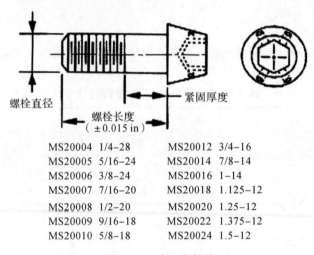

螺栓直径　紧固厚度　螺栓长度（±0.015 in）

MS20004	1/4-28	MS20012	3/4-16
MS20005	5/16-24	MS20014	7/8-14
MS20006	3/8-24	MS20016	1-14
MS20007	7/16-20	MS20018	1.125-12
MS20008	1/2-20	MS20020	1.25-12
MS20009	9/16-18	MS20022	1.375-12
MS20010	5/8-18	MS20024	1.5-12

图 1-35　内六角螺栓

Hi-Lok 螺栓是内六角螺栓的一种，用合金钢、不锈钢、钛或铝合金材料制成，具有很高的强度，常用在结构抗拉强度较高的构件连接，按螺栓头型分为平头和倒角两种。Hi-Lok 衬套安装需要专用工具，或使用内六角扳手和六角套筒扳手，当套筒扳手扭转力矩达到预定值时，套环头处断开，螺栓牢靠地锁紧固位（见图 1-36）。

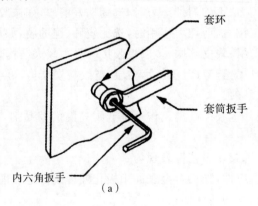

套环

套筒扳手

内六角扳手

（a）

图 1-36　Hi-Lok 螺栓的安装

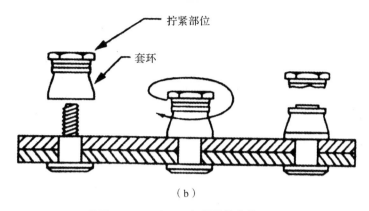

（b）

续图 1-36　Hi-Lok 螺栓的安装

（a）工具的使用方法；（b）套环的锁紧过程

1.10　维 修 工 单

钣弯件作为飞机金属结构的重要组成部分，在服役中经常会由于各种原因受到损伤，需要进行修理。为此，必须掌握金属钣材的基本钣弯技术。

1. 弯曲技能基本理论

手工弯曲是指用手工将钣料的一部分对另一部分沿直线或曲线弯曲成一定角度的方法。手工弯曲是钣金工最基本的操作技能之一。

钣料弯曲时，内层材料受压缩短，外层材料受拉伸长。在材料中间靠内层一侧，有一层材料既不能伸长也不能缩短称为中性层，如图 1-37 所示。外层由 a″b″ 伸长至 a″b″，内层由 a′b′ 缩短至 a′b′，中性层 ab 无变化。

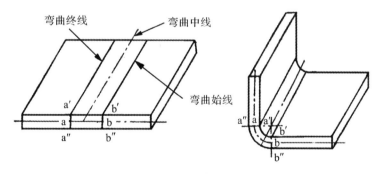

图 1-37　钣料弯曲时的变形

钣料的弯曲半径是指曲面内边的弯曲半径。钣料的最小弯曲半径是指材料在不发生破坏的情况下，所能弯曲的最小曲率半径，以 R_{min} 表示。制作工件时，钣料的弯曲半径应大于或等于该材料的最小弯曲半径，这种弯曲不会使钣料的强度产生破坏性的减弱。如果弯曲的半径过小，即小于最小弯曲半径就会使材料弯曲处的机械性能受到很大的损害，引起撕裂。因此，材料的最小弯曲半径是零件的弯曲极限。值得注意的是，采取适当的工艺措施，可以在一定程度上改变材料的最小弯曲半径。钣料的最小弯曲半径与材料种类、热处理状态和钣料厚度等有关（见表 1-11）。

表 1 - 11　常用铝合金钣料的最小弯曲半径

板料厚度 /in(mm)	铝合金各牌号及热处理状态的最小弯曲半径/in(mm)				
	1100 - O 2219 - O 3003 - O 5052 - O 5052 - H32	2219 - T42 2024 - O 3003 - H14 5052 - H24 6061 - T4	7075 - O 7178 - O	2219 - T62 2219 - T81 2024 - T3 2024 - T4	7071 - T6 7075 - T73 7075 - T76 2024 - T36
0.020(0.51)	0.03(0.76)	0.03(0.76)	0.06(1.52)	0.06(1.52)	0.09(2.29)
0.032(0.81)	0.03(0.76)	0.06(1.52)	0.06(1.52)	0.09(2.29)	0.16(4.06)
0.040(1.02)	0.06(1.52)	0.06(1.52)	0.06(1.52)	0.16(4.06)	0.19(4.83)
0.050(1.27)	0.06(1.52)	0.09(2.29)	0.12(3.05)	0.19(4.83)	0.26(6.35)
0.063(1.60)	0.06(1.52)	0.12(3.05)	0.16(4.06)	0.22(5.59)	0.31(7.87)
0.080(2.03)	0.09(2.29)	0.16(4.06)	0.19(4.83)	0.34(8.64)	0.44(11.18)

　　弯曲时,材料的变形会由弹性变形过渡到塑性变形。通常在材料发生塑性变形时,仍有部分弹性变形存在,弹性部分在卸载后,会恢复原态,以致弯曲材料内层被压缩的金属又有所伸长,外层被拉伸的金属又有所缩短,结果使弯曲件的曲率和弯曲角度发生小量的变化,这种现象称为回弹,如图 1-38 所示。由于回弹存在,它会影响到弯曲的准确度,所以,在制作弯曲件时要考虑消除回弹的影响,以保证工件要求。实际生产中,一般通讨试弯,再采取克服回弹的措施。

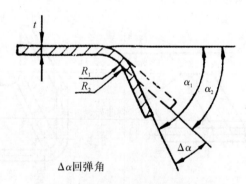

Δα回弹角

图 1 - 38　钣料弯曲时的回弹示意图

　　影响回弹的因素如下。

　　(1)材料的机械性能,如屈服强度及弹性模量 E。E 值越大,回弹越大。

　　(2)变形程度,即相对弯曲半径 R/t。R/t 值大,变形程度小,回弹大。反之 R/t 值小,回弹小。

　　(3)弯曲角度。弯曲角度大则变形部位长,累积回弹量大。

　　(4)弯曲形状及弯曲方式。一般形状复杂的弯曲件回弹小,手工弯曲比冲模弯曲的回弹大。

2.弯曲件展开长度的计算

(1)计算法。

可以按中性层展开进行计算,如图 1-39 所示。弯曲件展开长度由直线段和圆弧段组成,其中任意角度中性线弧长 L_3 的计算公式为

$$L_3 = \frac{\pi\varphi}{180°}(R + x_0 t) = 0.017\ 5(180° - \alpha)(R + x_0 t) \tag{1-4}$$

其中:

R ——折弯半径;

t ——板料厚度;

x_0 ——中性层位置系数(取值与 R/t 相关,见表 1-12)。

零件不论有几个弯角,皆可按上述方法算出弧长,之后各长度相加得出展开长度。当 $\alpha = 90°$ 时,则

$$L_3 = \frac{\pi}{2}(R + x_0 t) \tag{1-5}$$

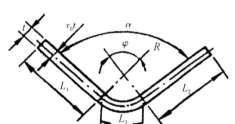

图 1-39　任意角度弯曲件的展开

表 1-12　中性层的位置系数

R/t	0.1	0.2	0.3	0.4	0.5	0.6	0.7	0.8	1.0	1.2
x_0 值	0.21	0.22	0.23	0.24	0.25	0.26	0.28	0.30	0.32	0.33
R/t	1.3	1.5	2.0	2.5	3.0	4.0	5.0	6.0	7.0	>8
x_0 值	0.36	0.36	0.38	0.39	0.4	0.42	0.44	0.46	0.48	0.5

例题:计算如图 1-40 所示弯曲件的展开尺寸。

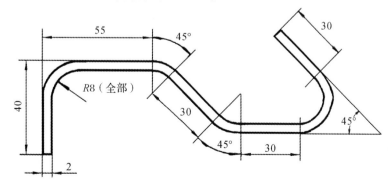

图 1-40　多边弯曲件

直线段总长：

$$\sum L_{直} = 40 - (8+2) + 55 - (8+2) + 30 + 30 + 30 = 165$$

弧线段总长：(已知 $R/t = 4$，查表 $1-12$，得 $x_0 = 0.42$，)由式$(1-4)$可得

$$\sum L_{弧} = \frac{\pi \sum \varphi}{180°}(R + x_0 t) = \frac{\pi(90° + 45° + 45° + 180° - 45°)}{180°} \times (8 + 0.42 \times 2)$$

$$= \pi \frac{7}{4} \times 8.84 = 48.58$$

展开长度：

$$L = \sum L_{直} + \sum L_{弧} = 165 + 48.58 = 213.58(\text{mm})$$

(2)经验计算法。

1)薄板单角并近似直角弯曲，如图 $1-41$ 所示，展开长度 L 按下式计算：

$$L = a + b - (R/2 + t) \tag{1-6}$$

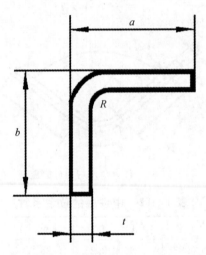

图 $1-41$　单角-直角弯曲件

2)弯 $180°$ 且 $R/t \approx 0.1$ 时的弯折，如图 $1-42$ 所示，展开长度 L 按下式计算：

$$L = A + B - t/2 \tag{1-7}$$

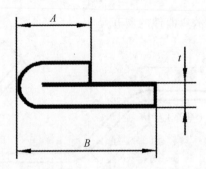

图 $1-42$　$180°$单角弯曲件

3)直角弯边件弯曲前，如图 $1-43$ 所示，展开料高出模块的尺寸 b 按下式计算：

$$b = H - 0.2(2R + t) \tag{1-8}$$

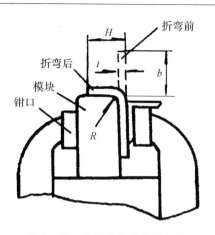

图 1-43 直角弯边的弯曲定位

3.钣弯桁条的制作

本项目为钣弯桁条的制作练习,通过实作掌握金属钣金件的钣弯技能,掌握飞机结构修理的基本操作方法,任务内容见表 1-13。

表 1-13 钣弯桁条的制作任务单

任务名称	钣弯桁条的制作	页码:共1页/第1页	
项目	内 容	工作者	检查者
操作步骤	1.检查所需设备、工具和材料。 2.按照如图 1-44 所示的图纸要求,计算零件展开尺寸。 3.按照展开尺寸在铝板上划线,按线剪切下料。 4.剪切边去毛刺,尖角倒钝。 5.按照顺序,合理进行钣弯成型。 6.检验钣弯形状和尺寸。 7.现场清理及工具归位。		
施工日期	完工日期	完工签署	

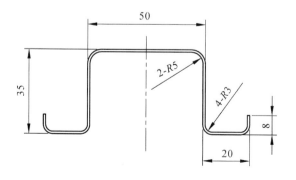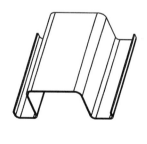

图 1-44 钣弯桁条的尺寸图

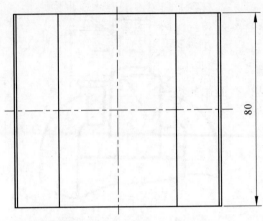

展开尺寸图：

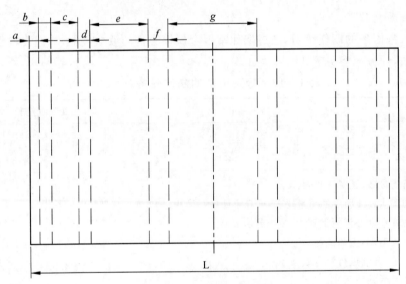

续图 1-44　钣弯桁条的尺寸图

复习思考题

1. 简述飞机结构的含义，其通常由哪些部件组成？

2. ATA51 在手册中是什么内容？请列举。

3. 分别写出 ATA52～ATA57 是飞机结构的哪些部件？

4. ATA52～ATA57 中一般是怎样编排的？

5. 简述飞机结构分类的依据。

6. 简述重要结构和次要结构的含义。

7. SSI 代表什么？

8. 飞机结构在外力作用下，一般会发生哪些变形？

9. 飞机结构承受哪些内力和内应力？

10. 什么是限制载荷和极限载荷？

11. 飞机金属结构的薄板件有哪些？要承受哪些载荷？

12. 飞机金属结构的杆系结构有哪些？要承受哪些载荷？

13. 简述钣弯件、型材、腹板和梁的特点。

14. 飞机复合材料结构分为哪几类？

15. 什么是层压板结构？简述其特点。

16. 简述蜂窝夹芯结构的特点。

17. 铆接有什么特点？一般用于承受哪些载荷？

18. 与铆接相比，黏结有何优缺点？

19. 拉铆钉的特点有哪些？

20. 胶黏剂的组成主要有哪些？简述其作用。

21. 简述内六角螺栓的特点。

第2章 小固定翼飞机结构

2.1 概 述

2.1.1 结构分类

小固定翼飞机由于其发动机及机体设计等功能不同,其结构也千差万别,但它们的主要结构及其部件、功能却非常相似。小固定翼飞机一般由机身、机翼、尾翼、起落架和动力装置等五部分组成(见图2-1),它们连接成一个整体,以满足气动性能等适航性的要求以及使用维护性的需求,并能够安全、经济地完成飞行任务。通常,机身、机翼和尾翼结构统称为"机体"。

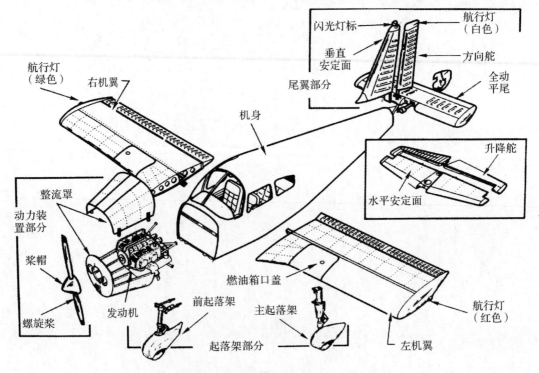

图2-1 小固定翼飞机结构的主要组成部分

小固定翼飞机的主要结构包括机身、机翼、尾翼、飞行操纵面和起落架等,是飞机在飞行和着陆时主要的承力结构;客舱地板、驾驶舱地板、货舱地板以及整流罩等都属于次要结构。

本章主要讨论机翼、机身、门、窗和尾翼等主要部件的结构,每种部件的组件及其重要结构的特点,部件的受载及受力分析,相关部件之间的装配关系。

2.1.2　飞机站位识别系统

在飞机制造或维修时,为了方便地确定飞机结构、构件或设备、附件的位置地点,飞机制造厂家都会对飞机采用某种位置编码系统。具体为:先将飞机划分为若干区域,如机身、机翼、水平尾翼、垂直尾翼、副翼、襟翼和发动机吊舱等,然后对这些区域进行位置编码,从而对飞机结构各部位进行精确定位。下面介绍常用的站位编码系统。

1. 机身站位编码系统

为了对机身结构、部件或构件进行精确定位,需要从纵向、横向和高度方向进行位置确定,通常采用机身纵向站位、纵剖线和水线来构成对机身三维定位系统,用来唯一确定某结构、部件、构件或附件的位置。

(1)机身纵向站位(Body/Fuselage Station,BS/FS)。

设置假想的与飞机纵轴垂直的参考基准面,该基准面通常位于机头之前接近机体处。从参考基准面开始,沿机身纵轴方向向前或向后水平地测量,测得一系列平行于参考基准面的平面。这些平面距离参考基准面的水平距离(对欧美飞机,多以英寸为计量单位),即为机身纵向站位,简称机身站位(见图 2-2)。机身站位用于确定机身结构或部件的纵向位置。例如,站位 265 表示前起落架轮轴心距参考基准面的水平距离为 265 in。

(2)纵剖线(Buttock Line,BL)。

从飞机尾部水平地向前看,或从飞机上部垂直向下看,设置一个假想平面,通过机身纵轴垂直且对称地将机身剖开,则该假想平面就是机身结构的纵向对称面。以该对称面为基准,水平地向左或右测量(以英寸为单位),测得一系列与对称面平行的面,称之为纵剖面。由于是后视图(或顶视图),纵向对称面聚集成一条中心线如图 2-3 所示,称为对称中心线;纵剖面聚集成一系列平行于对称中心线的铅垂线,即为纵剖线。这些纵剖线与对称中心线之间的水平距离可用来确定飞机结构的左右位置。如,纵剖线 12R 表示距离机身结构对称中心线右侧 12 in 的位置。

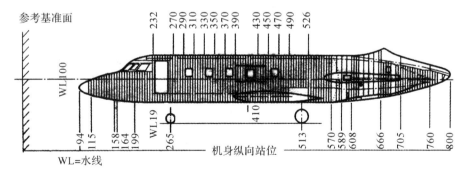

图 2-2　机身纵向站位和水线示意图

(3)水线(Waterline,WL)。

设置一个假想的水平面位于机身底部若干英寸处(见图 2-2),以该水平面为基准垂直向上或向下测量,测得一系列水平面。由于是侧视图,这些水平面(包括基准水平面)都聚集成水平线,称为水线。这些水线与基准水线之间的距离可用来确定高度方向的位置(以英寸为单位)。图 2-2 中标注的 WL19 表示飞机机轮底部距基准水线的高度为 19 in;而 WL100 则表示飞机纵轴距基准水线为 100 in。

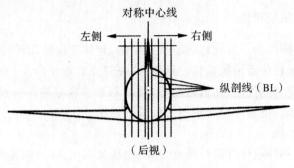

图 2-3　纵剖线

2.机翼站位编码系统

与机身站位编码系统类似,机翼也利用站位编码对机翼上的各点定位。机翼站位系统由机翼展向站位 W.S(或纵剖线 BL)、弦向站位和水线构成,其测量和定位方式与机身各方向站位类同。如图 2-4 所示,假设机翼展向站位(纵剖线)基准定于机身对称中心线,则机翼所有展向站位都从该中心线沿展向向左或向右测量,并以英寸为单位。图 2-4 中标注的 W.S 231.95 表示机翼翼尖距飞机对称中心线的水平距离为 231.95 in。

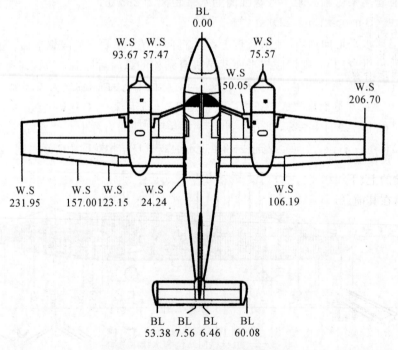

图 2-4　机翼和尾翼展向站位示意图

3.其他区域的站位

飞机副翼、襟翼、水平安定面、垂直安定面和多发飞机的发动机短舱等区域,都采用相应的站位来测量区域结构或构件的位置。水平尾翼展向站位示意图如图 2-4 所示。不同机型的飞机在进行定位时,查阅厂家提供的术语及其站位定位系统。

2.2　机　　翼

2.2.1　机翼结构

现代飞机的机翼普遍采用铝合金材料制成,机翼内部沿翼展方向有翼梁和桁条,沿翼弦方向有翼肋或隔板,其中翼梁是主要承力构件。蒙皮通过铆接固定在内部结构上,并承受机翼的部分载荷。在飞行中,作用在机翼上的空气动力载荷首先作用在蒙皮和桁条上,通过铆钉及连接角片传递给翼肋,再由翼肋传递到翼梁,并通过翼梁最终传递给机身。在机翼下表面适当位置设置有检查口、放油口和千斤顶座。为了更好地排除积水,在机翼下表面还设有排泄口。

2.2.1.1　机翼的基本结构元件及受力

机翼的基本结构元件是由纵向骨架(展向构件)、横向骨架(弦向构件)以及蒙皮、接头等组成的(见图 2-5)。展向构件包括翼梁、桁条和纵墙(辅梁)等;弦向构件为翼肋。它们通过角片、铆钉等连接件连接成机翼骨架,再用铆接形式敷设金属蒙皮(极少数用黏结方式敷设布蒙皮),使整个机翼结构具有适当的强度和刚度。现将各个结构元件的作用及受力分述如下。

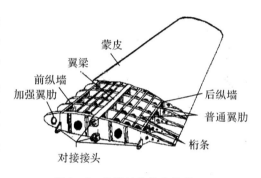

图 2-5　机翼结构基本构件

1. 纵向骨架

纵向骨架指沿翼展方向安置的构件,包括翼梁、纵墙和桁条。

(1)翼梁。

翼梁是最强有力的展向受力构件,它承受着全部或大部分的弯矩和剪力。翼梁由上、下缘条和腹板以铆接或焊接方式连接而成(见图 2-6(a)),或整体锻压成型(见图 2-6(c)),其截面形状为"工"字形。腹板上有时还铆接了一系列加强支柱,以提高腹板抗剪稳定性,并便于使翼梁与翼肋连接。翼梁的上、下缘条承受由弯矩引起的轴向应力,翼梁腹板承受剪力(见图 2-6(b))。某些单梁式机翼在其前、后缘设置辅助梁,可承受部分剪力,并与蒙皮组成闭合盒段来承受扭矩。

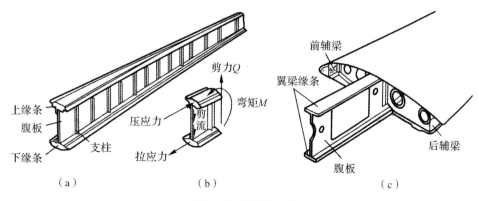

图 2-6　翼梁的构造

(a)腹板式翼梁;(b)腹板式翼梁受力分析;(c)整体式翼梁

梁的数量一般为一根或两根,也有两根以上的。机翼结构只有一根梁称为单梁机翼,有两根梁称为双梁机翼,两根以上者称为多梁机翼,没有翼梁称为单块式机翼。

翼梁的位置:据统计,在双翼及有支撑的机翼上,前梁在 $12\%\sim18\%$ 翼弦处,后梁在 $55\%\sim70\%$ 翼弦处。在悬臂式单翼机上,单梁机翼的梁位于 $25\%\sim40\%$ 翼弦处。双梁机翼的前梁在 $20\%\sim30\%$ 翼弦处,后梁在 $50\%\sim70\%$ 翼弦处。

(2)纵墙。

纵墙承受由弯矩和扭转而产生的剪力。与梁的区别是椽条较弱,椽条不与机身相连,其长度与翼展相等或仅为翼展的一部分。纵墙通常放置在机翼的前缘或后缘,与机翼上下蒙皮相连,形成一封闭的盒段以承受扭矩。

在后缘的纵墙,通常还用来连接襟翼及副翼。

(3)桁条。

桁条是机翼骨架中重要的展向受力元件,其主要功用是:支持和加强蒙皮,提高其局部空气动力载荷的承受能力;防止蒙皮产生过大的局部变形,并与蒙皮一起把空气动力传递到翼肋上去;将翼肋互相联系起来,提高蒙皮的抗剪强度和抗压稳定性,使蒙皮能更好地参与承受机翼的弯矩和扭矩;另外桁条本身也能承受由弯矩引起的部分正应力。

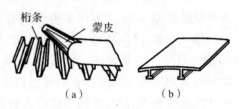

图 2-7 机翼结构基本构件

(a)金属蒙皮;(b)整体蒙皮(壁板)

有的机翼为了进一步加强蒙皮,桁条需要很密,甚至使用波纹板来代替桁条,或者把桁条与蒙皮做成一体,形成整体壁板,如图 2-7 所示。

2. 横向骨架

翼肋是机翼沿翼弦横向方向安置的构件,主要包括普通翼肋和加强翼肋,如图 2-8 所示。

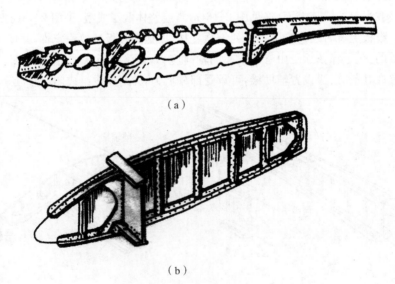

(a)

(b)

图 2-8 翼肋的构造

(a)普通翼肋;(b)加强翼肋

（1）普通翼肋。

普通翼肋将纵向骨架和蒙皮连成一个整体,一般由薄板铝合金冲压而成,带有减重孔,减重孔边缘有翻边,以提高腹板的刚度。其主要作用为:构成并保持机翼的剖面形状;把蒙皮和桁条传给它的气动载荷传递给翼梁腹板;把气动力形成的扭矩,通过铆钉以剪流形式传递给蒙皮;支持蒙皮、桁条和翼梁腹部板,提高它们的稳定性。

（2）加强翼肋。

加强翼肋除了起普通翼肋作用外,还承受或传递较大的集中载荷或者由于结构不连续(如在机翼上、下表面开口处)引起的附加载荷,并将这些载荷传递给翼梁,再由翼梁传递给机身加强隔框。加强翼肋一般用铝合金厚板整体铣切而成,腹板及缘条较厚,腹板上一般有加强柱,以提高腹板的承载能力。

3. 蒙皮

蒙皮包在横向和纵向骨架外面,其直接功能是形成光滑的气动外表,在飞行中承受垂直于蒙皮表面的局部气动载荷,并把它传给骨架。此外,蒙皮还参与机翼结构的整体受力,它与翼梁腹板形成闭合的盒式结构承受机翼的扭矩;当蒙皮较厚时,它与桁条一起组成壁板,可承受机翼弯矩引起的部分轴向应力。

4. 接头

接头是指把载荷从一个构件传到另一个构件上面的构件。如机翼与机身的连接、副翼与机翼的连接等,均需用接头。机翼接头的形式很多,常见的有耳片式接头、套管式接头、对孔式接头、垫板式接头和角条式接头等。

2.2.1.2　机翼结构形式

飞机机翼的主要功能是当飞机在空气中快速运动时产生升力,同时提供横向安定性。机翼后缘靠翼尖部位铰接有副翼,可实现对飞机的横滚操纵。机翼后缘从翼根到副翼内侧一端常安装有襟翼,可改善飞机的低速性能。机翼内部空间可以用于装载燃油、收放起落架、安装设备等。多数飞机的主起落架与机翼根部结构连接。

固定翼飞机的机翼分为左翼和右翼。左、右机翼连接于机身两侧的中央翼接头处,或对接于机身内,从而形成一个穿过机身的整体受力结构。

小型固定翼飞机的机翼结构常采用两种类型,即单梁式和双梁式机翼,不同机型也可能采用这些基本结构的改进型式。翼梁通过接头与机身(中央翼)连接。

单梁式机翼内部结构中只有一个主要的展向构件(见图 2－9),翼肋用来传递载荷维持机翼剖面形状。单梁式机翼通常在前、后缘增加辅助梁(又称假梁或纵墙),可承受部分剪力,并与翼梁、端肋和蒙皮构成一个整体,还可为飞行操纵面提供安装支点。双梁式机翼主要展向构件为前梁和后梁(见图 2－10)。

飞行中机翼受到空气动力、结构质量力和部件集中质量力作用,产生弯曲、扭转和剪切变形,机翼结构相应地产生弯矩、扭矩和剪力与之抗衡,这些内力分别由机翼各构件承受。大部分弯矩由翼梁的上、下缘条承受,其余部分由蒙皮和桁条承受;绝大部分剪力由翼梁的腹板承受;而几乎所有扭矩由蒙皮与梁腹板形成的闭合框承受。

飞行中机翼受到各种外载荷作用时,载荷沿展向分布是不均匀的。从翼尖到翼根,各截面的内力逐渐增大,所以翼根部位的内力最大,也是日常检查维护的重点部位。

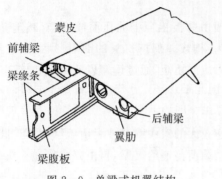

图 2-9 单梁式机翼结构

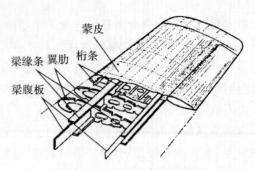

图 2-10 双梁式机翼结构

2.2.1.3 机翼结构的发展

早期飞机采用双层机翼(见图 2-11(a)),而现代飞机常采用一对机翼,称为"单翼"。机翼可以安装于机身的上部、中部和下部,分别称为上单翼、中单翼和下单翼。民用机为了便于利用座舱空间,通常采用上单翼或下单翼。某些小型上单翼飞机在机翼与机身结构之间装有外部撑杆,属于"半悬臂式"机翼(见图 2-11(b));部分上单翼和大多数下单翼飞机无外部撑杆,属于"悬臂式"机翼(见图 2-11(c))。

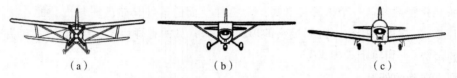

（a）　　　　　　　　　　（b）　　　　　　　　　　（c）

图 2-11 机翼的配置类型
(a)早期双层机翼;(b)半悬臂式机翼;(c)悬臂式机翼

根据飞行性能的要求,机翼有不同的形状和大小。小固定翼飞机的飞行速度一般较低,故它们的机翼主要采用平直翼,其平面形状在不同飞机上可以略有差异。图 2-12 为典型的固定翼小型飞机机翼平面形状。

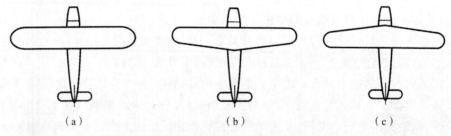

（a）　　　　　　　　　　（b）　　　　　　　　　　（c）

图 2-12 典型的固定翼小型飞机机翼平面形状
(a)平直前缘和后缘;(b)平直前缘、锥形后缘;(b)锥形前缘、平直后缘

在机翼构造的发展过程中,最主要的变化就是锥形件和受力件的逐渐合并。在飞机发展的初期,为了减小质量,完全将受力件和维形件分开(见图 2-13),并且按分段承受载荷的原理来安排机翼的构造。这种构造形式的受力骨架是一个由翼梁、张线及横支柱(或翼肋)所组成的空间桁架系统,以承受所有的弯矩、扭矩和剪力。机翼的表面和机翼的形状是用亚麻布的蒙皮和翼肋形成的,所以这种机翼可以叫作构架式机翼。

随着飞机速度的增加以及翼载荷的增大,出现了蒙皮承受剪力和部分正应力的梁式机翼。这种机翼构造型式的特点是有强有力的梁以及光滑的硬质蒙皮(见图 2-14)。这种机翼的蒙皮是金属铆接结构,为现代飞机所广泛采用。它的翼梁腹板承受剪力,蒙皮和腹板组成的盒段承受扭矩,蒙皮也参与翼梁橼条承受弯矩的作用。由于梁式机翼的蒙皮较薄,桁条也较少,有些机翼的桁条还是分段断开的,有的甚至没有桁条,因此梁式机翼蒙皮承受由弯矩引起的拉压作用不大。随着飞行速度进一步增大,为保持机翼有足够的局部刚度和抗扭刚度,需要加厚蒙皮和增多桁条。这样,由于厚蒙皮和桁条组成的壁板能够承担大部分弯矩,因而梁的橼条可以减弱,直至变为纵墙,于是就发展成为单块式机翼。

图 2-13　莱特兄弟的飞机

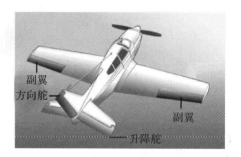

图 2-14　小型固定翼飞机

单块式机翼的特点是全部弯矩主要由桁条所加强的蒙皮壁板来承受;结构中的梁变成了纵墙,主要只承受剪力;其橼条部分很弱,只用来固定蒙皮。图 2-15 是一种高速飞机的单块式机翼的构造,上、下壁板分开制造,装配时先将蒙皮放在托架上,然后将骨架铆在蒙皮上,因而能得到更准确的外形。在单块式机翼内,维形件和受力件已经完全合并。

后掠翼飞机是机翼前、后缘向后伸展(后掠)的飞机(见图 2-16(a))。与平直机翼相比,后掠翼的气动特点是可增大机翼的临界马赫数,并减小超音速飞行时的阻力。至于三角机翼,由于展弦比很小而机翼根部的弦长很大,因此不仅机翼本身的纵向和横向构件布置比较复杂,而且机翼与机身的连接接头也很多,图 2-16(b)为我国歼-7 型飞机的三角机翼外形图。

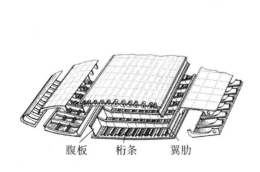

腹板　桁条　翼肋

图 2-15　单块式机翼

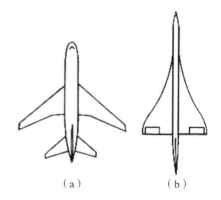

（a）　　　　　（b）

图 2-16　后掠翼与三角机翼飞机
(a)后掠翼；(b)三角机翼

2.2.2　结构油箱

结构油箱是利用机翼内部结构(蒙皮、翼肋和翼梁腹部板围成的)空间加以良好密封和防腐处理而形成的,又称为整体油箱,其最大限度地利用了机翼结构空间。图2-17为典型固定翼飞机结构油箱。它位于机翼前缘内,利用梁腹板、端肋、前辅梁和蒙皮围成的空间构成结构油箱。该区域内所有的接缝、铆钉、螺母垫圈和检查口周围均用密封剂进行密封处理。密封剂只是分别施加于缝隙处,而不是涂满整个油箱内部。每个结构油箱上部设有加油口供重力加油;底部最低处则设有放油活门,用于放沉淀及取样检查。

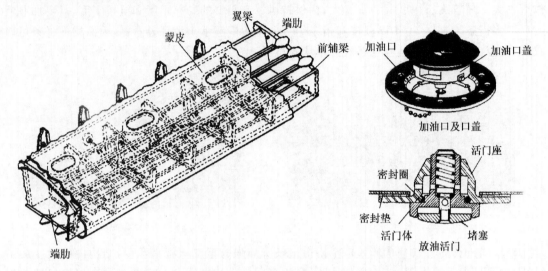

图 2-17 结构油箱的构成

随着新型密封材料的应用,越来越多的飞机制造商在设计燃油箱时选择结构油箱,以代替质量大且空间利用率低的硬壳式油箱。

2.2.3 机翼与其他部件的连接

与机翼连接的部件通常包括副翼、襟翼和多发飞机的发动机短舱等,下单翼飞机通常还包括主起落架。机翼为这些部件提供安装支点,使之能够可靠连接。

1. 主起落架与机翼的连接

下单翼飞机主起落架一般连接在机翼根部,由翼梁或加强翼肋提供连接支点。对于构架式主起落架,机翼主要结构上设置有固定接头,用以将起落架连接固定;而对于可收放式主起落架,机翼结构用螺栓固定连接主起落架收放转轴的轴承支架,主起落架通过减震支柱上的收放转轴连接到前、后轴承上,如图2-18所示。

2. 操纵面与机翼的连接

小固定翼飞机机翼后缘连接的操纵面有副翼和襟翼。由于这两种操纵面的偏转运动方式不同,所以它们与机翼的连接方式也不同。

副翼通常与机翼后缘的安装支架铰接(见图2-19)。安装支架用螺栓固定在机翼翼梁或加强翼肋上,并提供副翼铰接轴和副翼行程限动机构。

襟翼与机翼的连接方式往往取决于襟翼的种类。例如,富勒襟翼由于在放下时伴随后退运动,简单的铰接不能满足这种运动要求,所以常采用悬挂铰接方式或滑轮滑轨系统。小型固定翼的襟翼常采用悬挂式铰接连接方式,如图2-20所示。

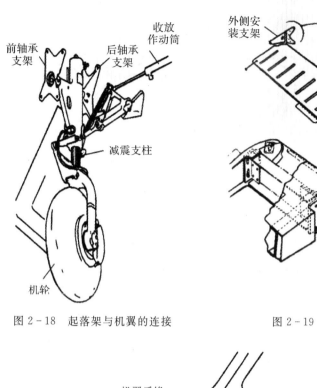

图 2-18　起落架与机翼的连接

图 2-19　副翼与机翼的连接

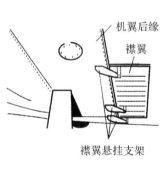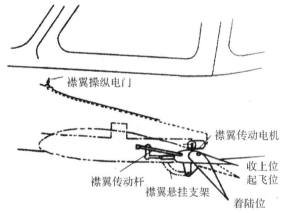

图 2-20　襟翼与机翼的连接

3. 发动机短舱与机翼的连接

大多数双发飞机上,发动机通常安装在左、右机翼上向前延伸出的短舱内,如图 2-21 所示。

短舱分为发动机舱和机翼舱两部分。机翼舱通过螺栓与机翼的翼梁和加强肋连接固定,发动机舱与机翼舱再通过螺栓连接,形成短舱整体。图 2-22 为一个较典型的机翼发动机短舱。机翼舱不仅是发动机舱的整流部分,形成良好的流线舱型,而且在其内部还装有燃油、滑油、液压管路及其装置,以及供发动机工作的操纵机构和其他控制装置。

机翼舱最前面的舱壁通常由不锈钢板制成,称为"防火墙",可防止发动机失火时火焰进入机翼而导致灾难性后果;同时,因为防火墙具有很高的强度,所以可以为发动机连接提供可靠的连接接头,还为发动机舱内的装置提供安装面,如图 2-23 所示。

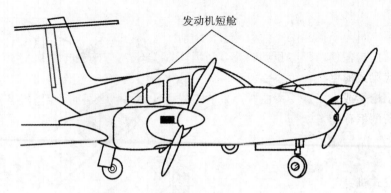

图 2-21 机翼上发动机短舱的位置

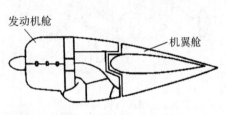

图 2-22 机翼上的发动机短舱

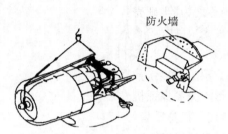

图 2-23 发动机舱与机翼舱的连接

2.3 机 身

2.3.1 机身结构的类型

飞机的机身结构有两种基本类型:构架式和应力蒙皮式。应力蒙皮机身根据其构件设计和受力特点又分为硬壳式和半硬壳式机身,半硬壳式又可细分为桁梁式和桁条式两种。

现代飞机机身的构造受力型式主要是桁梁式和桁条式,但实际上又常常是这两种结构的混合形式。如歼-7型军用飞机的前机身属于桁梁式,而后机身却是桁条式。

1.构架式机身结构

机身构造型式的发展与机翼构造型式的发展类似,也是随着飞行速度的提高,主要受力件与辅助受力件逐渐合并,维形件逐渐参加受力,由空间桁架蒙布式机身演变为金属蒙皮的梁式机身。早期的构架式机身,一般由水平和垂直平面内的直杆和斜杆以及张线组成空间桁架,飞机的其他部件都连接在它的节点上,桁架外围用木质成形架和布质蒙皮构成外形。

构架式机身的骨架通常用钢管或铝合金管焊接而成(见图 2-24),形成构架的所有构件均可承受拉伸或压缩载荷。小型固定翼飞机如果采用构架式机身,骨架可由铝合金制成,并利用实心杆件或管材预先交叉支撑,再用铆钉或螺栓连接成整体结构。为了保证所需的气动外形,在骨架外部敷设不承受载荷的布质蒙皮。构架式机身目前已很少应用。

图 2-24 构架式机身

2.应力蒙皮式机身

由于构架式机身不能满足不断提高的空气动力要求,并且飞机内部设备日益增加,而构架式机身中的横向构件使内部容积不能充分利用,因此随着飞行速度的增大,逐步发展成梁式薄壁结构。现代梁式薄壁结构机身一般是由纵向骨架桁梁和桁条,横向骨架框以及蒙皮组成的空间薄壁梁。桁梁或桁条承受弯曲所产生的正应力。维持机身外形,参与机身总体受力和承受气动力载荷的框称为普通框,同时还承受集中载荷的框称为加强框。蒙皮用来维持外形,承受剪力和扭矩。由于飞行速度的提高,对总体和局部刚度的要求使得蒙皮不断加厚,参加承受弯曲的作用也逐渐增大,直到蒙皮成为抗弯的主要构件。

应力蒙皮式机身与构架式机身的最大区别在于机身蒙皮参与承受载荷,现代飞机一般采用金属蒙皮。如果机身载荷全部由蒙皮承受,则称之为"硬壳式"机身;如果蒙皮仅承受部分载荷,则称之为"半硬壳式"机身。这类机身基本构件常采用铝合金材料。

硬壳式机身又称蒙皮式机身(见图 2-25),由环框、隔框维持机身截面形状,而蒙皮则几乎承受全部应力。蒙皮直接铆接在隔框或环框上,具有良好的气动外形。为了保证机身足够的强度和刚度,蒙皮必然较厚,使得机身质量偏大。但在应力水平较小的小型飞机机身后段,蒙皮强度要求较低,可兼顾强度与结构质量两方面要求,所以小型飞机常采用硬壳式结构来构成座舱后部直至机身尾部这一段机身。硬壳式机身不便于开口,因此飞机上用得较少。

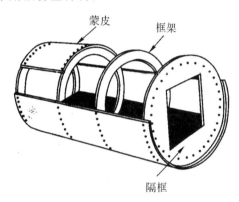

图 2-25　硬壳式机身

半硬壳式机身遵循破损安全强度规范的设计思想,即结构中单个构件破坏时,整个结构不会发生灾难性破坏。半硬壳式机身由环框、隔框、纵梁和桁条构成机身骨架,外部金属蒙皮构成光滑、洁净的外形,并可承受很大的载荷。根据机身结构中纵梁的强弱或有无,以及蒙皮、桁条参与承受应力的程度,半硬壳式机身又可分为桁梁式机身和桁条式机身。

桁梁式机身(见图 2-26)中,强有力的桁梁作为抗弯的主要构件,承受大部分由弯曲引起的拉、压应力;较弱的桁条和蒙皮,它们构成的壁板承受少部分弯曲引起的拉、压应力。机身两侧和上、下蒙皮承受绝大部分剪切引起的剪应力;蒙皮围成的闭合框承受全部扭矩引起的剪应力。由于蒙皮未能充分利用,使结构质量较大,但在开口附近及接头处比较容易加强,因此,桁梁式机身广泛地用于小型飞机和大开口较多的飞机上。

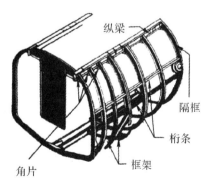

图 2-26　桁梁式机身

加厚桁梁式机身的蒙皮,加多桁条,削弱桁梁使其成为一般的桁条即演变成为桁条式机身,如图 2-27 所示。桁条式机身中,纵梁较弱甚至无梁,蒙皮较厚,桁条数量较多且强,由桁条和蒙皮构成的壁板承受大部分甚至全部弯矩,在局部载荷较大的地方则加强桁条。剪力同样由机身蒙皮承受,扭矩全部由蒙皮围成的闭合框承受。这种机身的质量较轻,生存力较好,但不便于大开口,现广泛应用于旅客机等大型飞机上。

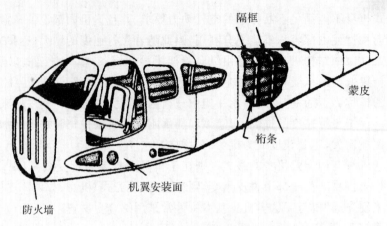

图 2-27　桁条式机身

2.3.2　机身基本构件

机身的主要用途是用来安置空勤人员的座舱、燃料、特种设备,不同用途的飞机又有客舱、货舱、设备舱等,因此应该有足够的内部空间。机身又用来连接机翼、尾翼,有时也固定动力装置、起落架等,由于要承受很大的载荷,所以机身结构必须具有足够的强度和刚度。还应满足使用维护的要求,并且质量尽量轻。

机身的基本构件包括纵向构件和横向构件两大类。纵向构件包括纵梁、长桁或桁条等;横向构件包括隔框、框架等。这两类构件通过角片、铆钉、螺栓或者螺钉等紧固件连接成机身骨架。在骨架外用铆钉铆接蒙皮,使整个结构具有适当的强度和刚度。

长梁与桁条主要用来承受机身弯曲时产生的轴力,与桁条相比,桁梁能承受更大的载荷。

隔框的作用主要是承受及传递载荷,维持机身剖面形状。根据位置和受力的不同,又分为普通隔框和加强隔框两类。普通隔框的功用是承受并传递局部气动力,并维持机身剖面形状;加强隔框则主要承受机翼、尾翼、起落架等部件传来的集中载荷,并将载荷传递给机身结构。

2.3.3　机身内部

机身内部布置的合理与否将直接影响飞机内部容积的利用及飞机的使用性能。首先,座舱的安排是机身内部布置的重要内容,不仅因为座舱占据了机身内部的较大容积,更重要的是它承载了对飞机起主导作用的空勤人员。

机身地板结构由地板骨架和地板组成。地板骨架由纵梁和横梁组成。横梁的两端一般连接在机身隔框上,并与纵梁和垂直支柱构成承力骨架。

客舱布置必须满足安全和舒适两大要求。现代客机要求客舱具有与低空或地面相同的良好生活条件,因此要求有良好的密封、完善的空气增压及调节系统,以保证一定的空气压力、温度和湿度。窗户玻璃通常制成双层,即使有一层损坏仍能保持客舱的密封。另外还有极容易打开的紧急窗门。为了防火,客舱内的装饰都是用不易燃烧的材料制成的。在舒适度方面,客舱要求有足够的容积及高度、宽敞的过道、舒适的座椅以及良好的照明设备等。

2.3.4 座舱罩及操纵台

对于歼击机来说,良好的视界很重要,因此座舱一般布置在机身的前部,且突出于机身之外,这样就破坏了机身的气动外形,因此要采用和机身平滑连接的座舱罩(见图 2-28)来减小阻力。座舱罩一般由以下三部分组成:

(1)风挡。固定在机身上座舱罩的前部,前面有较厚的(50~70 mm)防弹玻璃。采用雷达瞄准具的超声速飞机上为了减小波阻,采用带尖棱的中央支架而将风挡玻璃放在两侧。

(2)座舱盖。座舱盖有四种型式:前后滑动式、侧向打开式、后上方打开式、前上方打开式。

(3)后罩。后罩固定在机身上的整流部分。

一般单座歼击机座舱的内部尺寸在操纵台之间,宽>550 mm,高>1 100 mm,长>1 200 mm。驾驶员两侧为左、右操纵台,左操纵台上固定有发动机、襟翼、起落架收放等操纵手柄,右操纵台上固定有起动装置和无线电设备的操纵手柄等。武器系统的进弹、总电门等,放在仪表板的下部。为了便于工作,各系统涂有不同颜色:燃料系统操纵手柄——黄色;滑油系统——棕色;液压系统——绿色;氧气设备——蓝色;空调系统——黑色;应急手柄——红色。

仪表板置于驾驶员的前方(见图 2-29),为了便于观察,仪表板涂上暗黑色,并且下半部倾斜 25°。仪表板一般有减震和非减震两种:非减震仪表板固定在机身框上;减震仪表板通过减震器与机身相连。各种仪表借助于一种特制的环固定在仪表板上,仪表的位置安排有一定的标准型式,高度表、空速表、时钟、罗盘等一般固定在减震仪表上,而无线电罗盘指示仪、转速表、喷口温度表、煤油压力表等固定在非减震仪表上。

图 2-28 座舱罩

图 2-29 飞机仪表板布置图

炸弹舱是轰炸机机身的重要组成部分,由于炸弹是特殊的消耗性载荷,在投弹前后飞机载重会有突然的变化,因此要求布置在飞机重心附近,以免投弹时造成飞机抬头或俯冲现象。炸弹舱要求机身大开口,因此在构造上弹舱的前后都有加强隔框,开口处有加强桁梁,中间有框和侧壁等。

2.3.5 窗和风挡

飞机风挡与侧窗的完好性和透明性对于飞行安全非常重要。在空中发现其他飞行器、寻找和对准跑道、正确判断高度和速度等,都要通过清晰透明的风挡和侧窗进行。风挡位于驾驶舱前方,而小型固定翼飞机的侧窗通常每边有 2~3 个。图 2-30 为某小型固定翼飞机风挡和侧窗的分布。

风挡和窗玻璃的安装方式有几种,如使用螺栓、螺钉或铆钉安装,或利用调整边条夹持安装等。图2-31为某小型固定翼飞机风挡和侧窗采用边条夹持安装的情况。风挡玻璃边缘裹垫乙烯塑料泡沫带,可起到防振作用,并为玻璃提供热膨胀间隙。在玻璃外表面与边框或安装边条之间的缝隙中填充密封剂,并垫设乙烯塑料密封带,保证了风挡的良好密封。侧窗的安装跟风挡类似。

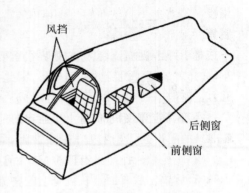

图2-30 风挡与侧窗的分布

对于非增压座舱的小型固定翼飞机,其风挡和侧窗通常为单层透明塑料(有机玻璃)。由于塑料的热膨胀系数约为金属的3倍,所以安装时必须在玻璃边缘与边框之间留出足够的热膨胀余量。另外,在安装风挡和窗玻璃时不要使玻璃具有安装应力。例如采用紧固件安装玻璃时,在玻璃上所钻的孔除了与边框上的孔同心外,还必须比所使用的紧固件杆径大一些,否则,当玻璃热膨胀时,螺栓或铆钉处的玻璃局部将产生很大应力,足以导致玻璃出现裂纹。

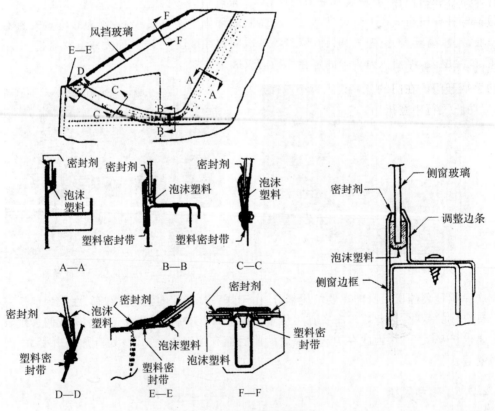

图2-31 风挡与侧窗的安装

清洗风挡和侧窗透明塑料外表面时,首先用充足的清水(严禁用挥发性液体或有机溶剂)冲洗掉灰尘和污垢,然后用软布、海绵或麂皮蘸中性肥皂水洗刷表面,并用手指皮肤触摸表面是否有残留物,最后用干净软布、麂皮或脱脂棉擦干玻璃表面。清洗透明塑料内表面时,应使用浸满清水的干净软布轻轻擦掉内表面的灰尘,再用浸湿的软布或海绵将表面擦干,并用清水频繁地漂洗布或海绵,使之保持干净。由于透明塑料表面硬度高,所以在对其进行清洗前应摘下戒指、手表等物,以免划伤表面。对透明塑料进行搬运、安装等施工时,应戴上干净的手套。

2.3.6　舱门

小型固定翼飞机的舱门包括登机门、应急出口、行李舱门等。它们在机身上的分布如图 2-32 所示。应急出口通常设置在侧窗处。

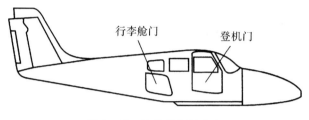

图 2-32　飞机舱门的分布

1. 登机门

飞机的登机门用于机组成员和乘客进出座舱,并可作为紧急情况下的应急撤离口。大多数小型固定翼飞机在机身左侧或右侧设置一个登机门,供飞行员和乘客进出座舱。这种登机门通常在其前端与机身结构铰接(见图 2-33),向外向前打开。门锁装置与轿车门锁类似,用适当的力和速度关好登机门即可上锁。可用钥匙从舱门外部锁定或开锁,也可从座舱内通过扳动手柄开门。在门的上端设置有辅助锁定机构,门关好后,可通过顶部的锁定手柄将舱门锁死,以防止飞行中登机门意外打开发生事故。

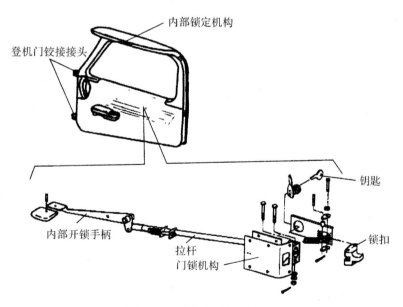

图 2-33　登机门及门锁机构

某些军用小型飞机采用蝶形登机门,即两个登机门铰接于驾驶舱顶部的机身结构上,向上推起打开,并有弹性撑杆将其顶在打开位置(见图 2-34)。用适当的力拉下蝶形门则可关闭。

这种舱门的锁定机构相对简单,座舱外部和内部都有门锁手柄,上提手柄开锁,下压手柄则上锁。维护中应注意检查弹性撑杆是否有效以及舱门锁是否可靠。

行李舱门一般设在座舱内行李舱相对应的机身左侧或右侧,可用钥匙从外面打开和关闭。行李舱门的安装和锁定机构与登机舱门类似。

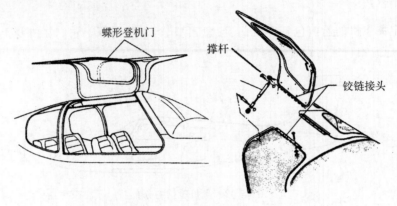

图 2-34　蝶形登机门及其安装

2. 应急出口

飞机的应急出口能够保证在任何撞损情况下,飞机乘员可快速撤离飞机。应急出口是可从飞机内部或外部开启的窗户、壁板、座舱盖或外部舱门。小型固定翼飞机的应急出口通常设置在登机门对面的侧窗处,且整块侧窗作为应急出口。

图 2-35 为某飞机应急出口位置、安装方式、开启及锁定装置。应急出口平时由锁定装置锁闭,其开启手柄用保险丝保险,以防止意外开启。需要使用时,用力向前扳动手柄,拉断保险丝并开锁,向外推侧窗打开应急出口。

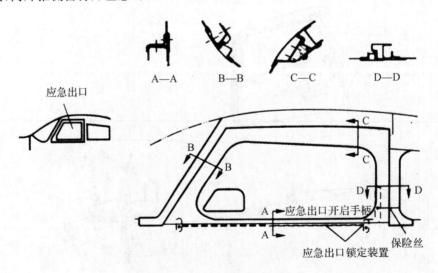

图 2-35　应急出口及其安装

某些小型飞机的应急出口采用较简单的设计。图 2-36 为某飞机利用两边的后侧窗作为应急出口。在紧急情况下用脚向外踢圆形标识处,即可将后侧窗玻璃向外开启,作为应急出口使用。

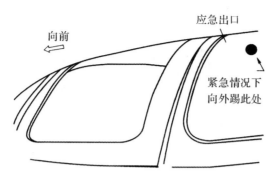

图 2-36　后侧窗作为应急出口

2.3.7　发动机吊舱

单发小型固定翼飞机的发动机通常安装在机身最前端的吊舱内(见图 2-37)。该吊舱是机身头部流线外形的延伸部分。发动机吊舱由蒙皮、整流罩、结构构件、防火墙和发动机安装架组成。

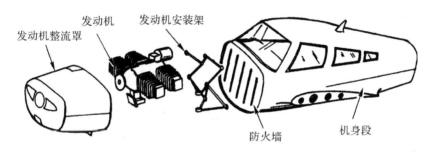

图 2-37　单发飞机的发动机与机身连接方式

蒙皮和整流罩包在吊舱外面,一般由铝合金薄板、不锈钢薄板制成。蒙皮与骨架铆接构成整流罩。骨架则由纵梁、桁条、隔框和环框组成。

单发小固定翼飞机机身最前端的横向构件是防火墙,由不锈钢制成,并作为固定发动机的加强隔框。防火墙把发动机舱与飞机其他部分隔开,可阻断发动机失火时火焰对座舱的直接威胁。

图 2-38 为几种典型单发小型固定翼飞机发动机的安装架。

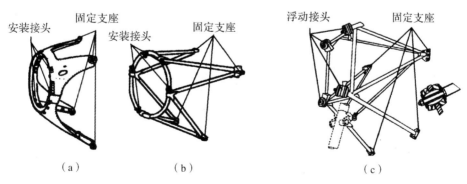

图 2-38　发动机安装架的种类
(a)半硬壳式;(b)钢管式;(c)带浮动接头的钢管式

发动机安装架通过其固定支座用螺栓固定在防火墙上。发动机则通过螺栓组件、减震橡胶垫、减震器或浮动接头与发动机架连接。

发动机安装架通常做成一个整体,以便快速安装或拆卸,其构件则采用铬-锰钢管或铬-镍-锰钢管焊接而成。

2.3.8 机身与其他部件的连接

飞机机翼和尾翼必须与机身连接成为整体——机体。一般而言,前三点式小型飞机的前起落架安装在机身前下部,而后三点式起落架的尾轮则安装在机身后下部。对于单发飞机,发动机通常安装在机身的最前部。

飞行中这些部件以集中载荷方式通过连接点将载荷传递给机身。因此,安装方式的合理性和连接的可靠性直接影响飞机结构的使用安全。

1.机翼与机身的连接

小型固定翼飞机的机翼与机身的连接方式取决于机翼结构设计的分段方式。如果机翼分为左翼、右翼和中央翼三段,则中央翼的翼梁与机身结构连接,而左翼与右翼的翼梁接头再与中央翼两端的接头用螺栓连接(见图2-39)。

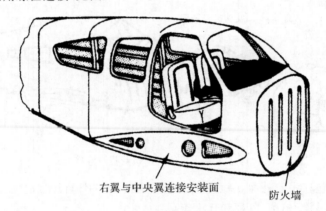

右翼与中央翼连接安装面　　　　防火墙

图2-39 左右机翼与中央翼的连接

某些小型飞机单梁式机翼的左、右翼翼梁对接,并在通过机身的翼梁段与机身加强框连接;同时,前、后辅梁(纵墙)通过接头与机身的加强隔框上的接头连接(见图2-40)。这些连接均采用螺栓连接,承受和传递剪力。机翼的弯矩则由对接的梁缘条承受。

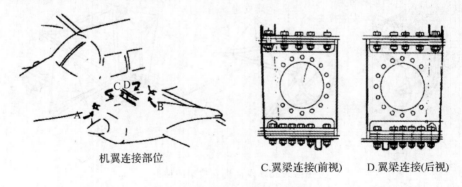

机翼连接部位　　　　C.翼梁连接(前视)　　　D.翼梁连接(后视)

图2-40 机翼与机身连接详图

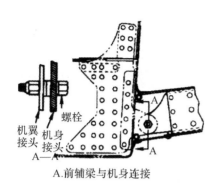

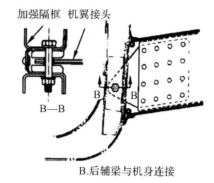

A.前辅梁与机身连接　　　　　　　B.后辅梁与机身连接

续图 2-40　机翼与机身连接详图

2.安定面与机身的连接

垂直安定面和水平安定面的结构与机翼非常相似,也是由梁、桁条和肋构成骨架,外部铆接蒙皮。安定面与机身的连接同样是用它们的梁与机身隔框连接点通过螺栓连接固定。

图 2-41 为某小型固定翼飞机垂直安定面与机身的连接情况,其前梁和后梁下部的接头分别与机身尾端两个加强隔框横梁上的接头用螺栓固定连接。

许多小型固定翼飞机的水平安定面和升降舵为整体结构,即所谓"全动平尾"。因为全动平尾是可操纵的活动翼面,所以它与机身的连接必然是铰链。图 2-42 为某飞机的全动平尾与机身的连接情况,其主梁上的接头与固定在机身外部隔框上的支架铰接。

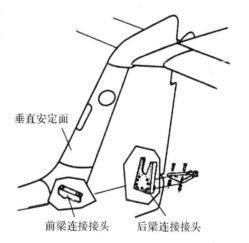

图 2-41　垂直安定面与机身的连接

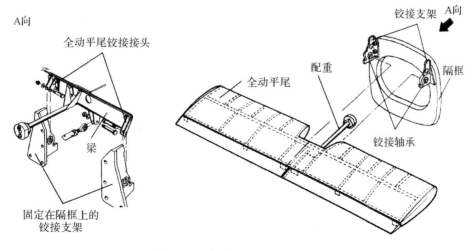

图 2-42　全动平尾与机身的连接

3. 前起落架与机身的连接

前三点式飞机的前起落架安装在机身前部下方。对于可收放式起落架,它与机身的连接为铰接,并可通过操纵实现前轮转弯。

连接方式常见有两种。多数飞机的前起落架直接与机身隔框连接(见图 2 - 43(a))。起落架收放转轴与固定在机身隔框上的轴承支架铰接,而可折叠阻力撑杆则与固定在机身另一隔框上的支架铰接。

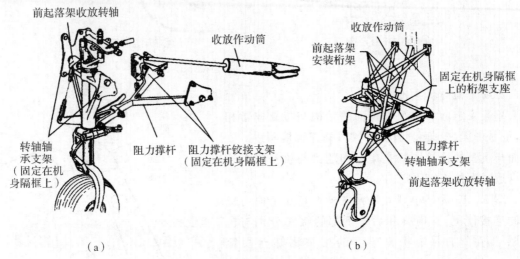

图 2 - 43 前起落架与机身的连接

(a)前起落架直接与机身连接;(b)前起落架通过桁架与机身连接

某些飞机的前起落架采取固定桁架与机身连接(见图 2 - 43(b))。通过加强隔框固定前起落架安装桁架,桁架前端有轴承支座。前起落架通过其支柱上的收放转轴与轴承连接。

由于起落架是频繁收放的部件,所以铰接处均采用轴承作为支撑连接件,并需要良好润滑。对于不可收放式起落架,通常将前起落架与固定在机身隔框上的安装支架直接连接,并可以左右偏转,以实现前轮转弯。后三点式飞机的尾轮与机身连接方式类似前起落架。

2.4 尾 翼

除了机身和机翼外,飞机结构还包括尾翼和操纵面等。这些结构的基本构成与机翼类似,同样有梁、桁条、肋和蒙皮等,常以铆接形式构成整体结构,由于尾翼和操纵面的内力通常小于机翼,所以它们的结构相对简单。

现代飞机的尾翼通常为全金属结构,是飞机尾部结构部件,包括水平尾翼和垂直尾翼。垂直尾翼通常由垂直安定面和方向舵组成(见图 2 - 44(a)(c))。水平尾翼由水平安定面和升降舵组成(见图 2 - 44(b));而许多小型飞机的水平安定面与升降舵为整体结构,称为全动平尾(见图 2 - 44(a)(c))。水平尾翼通常布置在机身较低位置,或者安装在垂直尾翼的顶部,构成所谓的"T"形尾翼(见图 2 - 44(c))。

尾翼的基本功能是为飞机提供飞行中的俯仰与方向安定性和操作性。俯仰安定性和操纵性由水平尾翼提供,而方向安定性和操纵性由垂直尾翼提供。尾翼属于空气动力翼面,其结构与机翼相似。

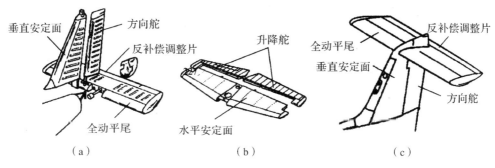

图 2 - 44　飞机尾翼的安装位置
(a)垂直尾翼；(b)水平尾翼；(c)"T"形尾翼

2.4.1　安定面结构

水平安定面和垂直安定面都是由前梁、后梁、肋和蒙皮构成的(见图 2 - 45)，其外载荷和应力分析与机翼类似。安定面蒙皮采用冷压模锻工艺，在蒙皮上压成波纹，以获得足够的强度和刚度，可减少构件数量，减轻结构质量。前梁和后梁上都固定有接头，用来与机身的加强隔框及隔框上的横梁通过螺栓连接固定。安定面的后梁可为升降舵、方向舵提供铰接安装支点。

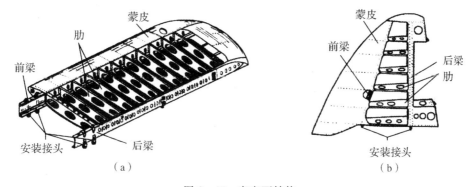

图 2 - 45　安定面结构
(a)水平安定面；(b)垂直安定面

2.4.2　全动平尾结构

飞机水平尾翼采用全动平尾的目的是改善俯仰操纵性。许多小型飞机，其飞行速度较低，尾翼面积较小，如果采用固定水平安定面与可操纵升降舵组合方式，则升降舵所能提供的俯仰操纵能力不足以安全可靠地控制飞机的俯仰姿态。所以将整个水平尾翼做成整体，既可提供俯仰安定性，又可提高俯仰操纵效率。

全动平尾由主梁、后纵墙(或缘条)、肋、蒙皮等构件铆接而成(见图 2 - 46)。由于全动平尾实质上属于一块操纵面，要求平尾处于质量平衡状态，以防止产生尾翼颤振，所以通常在全动平尾中部前缘采用集中配重方式，使结构重心前移至铰接轴线处。

全动平尾的后缘铰接有反补偿调整片，它有反补偿和配平两方面的功用：一是在进行俯仰操纵时，随着全动平尾的偏转，该片自动同向偏转，且偏转角大于全动平尾，起反补偿作用，适当增大所需俯仰操纵力,防止飞行员操纵过量;二是飞行员可在驾驶舱中对它进行俯仰配平操纵,其偏转方向与全动平尾偏转方向相反,这时起配平调整片作用。

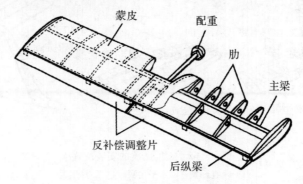

图 2-46　全动平尾结构

2.5　操　纵　面

2.5.1　操纵面的结构

飞机的主操纵面包括升降舵、方向舵和副翼,其功能是当它们偏转时产生附加空气动力,对飞机的纵轴、立轴和横轴形成气动力矩,改变或保持飞机的飞行姿态(轨迹)。

大多数小型飞机采用金属薄壁板作为飞机操纵面的蒙皮。这些金属薄壁板通常经过模压形成波纹而冷却硬化,以获得足够的刚度。出于结构强度和质量等因素的要求,操纵面的梁和肋也经过冲压或锻压成型,与薄壁蒙皮铆接成整体,形成硬壳式或半硬壳式轻质结构。操纵面前梁上固定有铰接接头,用于与机翼、安定面的接头连接。

图 2-47 为某飞机升降舵的结构分解图。薄壁蒙皮与锻压成型的梁和肋铆接成轻质结构,其他操纵面的结构与此类同。注意该升降舵翼尖部位有一块前伸的结构,具有配重和气动补偿(角补偿)双重作用。

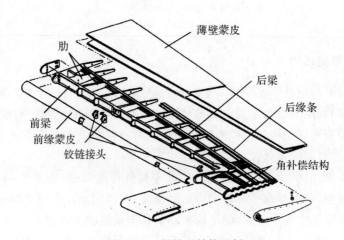

图 2-47　操纵面结构示例

操纵面设计制造和维护时要着重考虑颤振或抖振问题。以操纵面转轴（铰接中心线）为支点的质量力矩不平衡时，由于气流作用，当操纵系统的传动机构存在间隙或操纵面铰链磨损严重时，会导致操纵面偏转振荡。如果此时的飞行速度达到或超过了相应的颤振临界速度，则操纵面的振幅将不断增大，最终导致操纵面甚至翼面结构发生灾难性破坏。避免颤振最重要的途径是使操纵面随时处于质量平衡状态，同时应定期检查操纵系统连接刚度和操纵面铰链磨损情况，及时排除此类故障。

2.5.2　尾翼和操纵面质量平衡与气动平衡

1. 质量平衡与气动平衡

为了防止飞机机翼和尾翼发生颤振，保证飞行的安全，有效的方法是在操纵面的转轴前安装配重，把操纵面的重心移到转轴之前或与转轴轴线重合。

质量平衡主要有两种构造型式。一种是集中式配重，配重用支撑构件固定在操纵面之前，这样可有效地把操纵面重心前移，但是它突出在气流中，会增加阻力。另一种是分散式配重，即把配重分散置于操纵面的前部，这种配重形式在翼剖面内部不增加阻力，但由于离转轴较近，所以质量较大。

气动平衡的作用是在长时间稳定飞行时，消除驾驶杆或脚蹬上的力，以解除驾驶员长时间握杆或踩蹬的单调和疲劳，另外也用以消除飞机本身由制造误差而产生的不平衡力矩。主要的气动平衡有配平调整片、固定调整片和调整水平安定面安装角等措施。

当飞机需要平衡时，驾驶员不直接操纵舵面，通过独立的转盘或手柄操纵配平调整片。如果需要使舵面向下，就使配平调整片向上。调整片上产生向下的空气动力使舵向下偏转，与舵面产生向上的空气动力来平衡飞机的力矩。这时调整片和舵面产生的绕舵面转轴的力矩刚好抵消，驾驶杆上的合力为零，但舵面产生的气动力远大于调整片。

固定调整片是根据试飞结果，偏转一定角度后固定在舵面后缘的小翼面。用以消除飞机制造误差引起的气动力平衡，在飞行时是不能操纵的。

气动平衡也是采用改变水平安定面的安装角来达到的，但这种方法机构复杂，只用于大型客机上。

2. 气动补偿

气动补偿是为了使驾驶员操纵飞机时省力，主要有轴式补偿、角式补偿、内补偿和补偿片。

轴式补偿是将操纵面的转轴从前缘向后移到某一位置。角式补偿是在操纵面的端部向转轴前伸出一部分"角"形面积，一般这部分面积占操纵面的 6%～12%。这两种补偿的原理都是让操纵面上位于转轴前方的空气动力对转轴所产生的力矩，抵消一部分转轴后方的空气动力对转轴所产生的力矩，使整个舵面对转轴的力矩减小，因此也减小了驾驶杆力。

内补偿是由轴式补偿发展而来的，一般多用于副翼。它的补偿面位于机翼后缘的空腔内，这一空腔由气密胶布隔成上、下两部分，互不通气。副翼偏转时，空腔内形成的上、下压力差作用在补偿面上。补偿面形成的力矩帮助驾驶员克服铰链力矩，补偿面的面积一般为副翼面积的 50%。

当舵面偏转时，由于连杆的带动使补偿片向反方向偏转，补偿片上产生的气动力抵消了一部分舵面的铰链力矩，以减轻驾驶杆力。它会随着舵面的偏转而偏转，故称为随动补偿片。补偿片是在操纵力超过一定值之后才起作用的,操纵摇臂通过扭力杆与舵面相连。当操纵力小于一定值时扭力杆不发生扭转变形,摇臂直接带动舵面偏转,补偿片不起作用;操纵力达到一定值后超过了扭力杆的抵抗力,扭力杆发生扭转变形,使补偿片随舵面的偏转而偏转,形成与随动补偿片类似的补偿力矩。

2.6　飞机校装和对称性检查

对飞机主要结构部件进行校准和调节是为了保持飞机结构原有特性,从而保证飞机的飞行性能。对于一架具体机型的飞机,并非都要按照以下步骤进行校准,一般应按照其飞机制造厂家所提供的具体参数和程序去完成。

2.6.1　结构校准

飞机主要结构部件的位置和角度都是相对于基准线来测量的。纵向基准线平行于飞机中心线(纵轴),横向基准线平行于两翼尖的连线。

用于结构校准和校装角度的设备包括气泡水平仪、专业量角器、经纬仪和铅锤(或经纬仪和测杆)等。应根据制造商手册的规定选用校准检查设备。需要注意的是,校装和校准检查一般应在室内进行,并且在顶起飞机之前,应确保飞机的质量和负载符合手册规定。

在检查主要结构部件的位置和角度前,必须使飞机处于水平位置。小型飞机通常设置有与基准线平行或重合的固定标识销或固定块。将气泡水平仪和直线规放置在标识钉或标识块上,通过轮胎放气或调整千斤顶位置高低,使水平仪的气泡处于中心位置,从而调整飞机的水平状态(见图 2-48)。

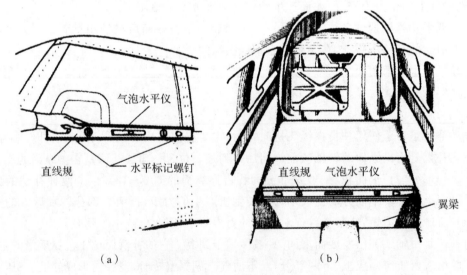

（a）　　　　　　　　　　　　　　（b）

图 2-48　飞机水平位置的检查与调整
(a)纵向水平位置调整;(b)横向水平位置调整

飞机结构校准的检查项目包括机翼上反角、机翼安装角、发动机校准、水平安定面安装角、水平安定面上反角、垂直尾翼的垂直度和对称性检查等。

1.机翼校准

机翼校准包括检查上反角和安装角。特别是飞机经受重着陆或经不规则的飞行负荷之后,重点检查这两个项目。

用飞机制造厂家提供的专业检查板,或使用直线规和量角器,将检查器具放置在机翼或水平安定面上(厂家规定位置)。检查上反角的方法如图 2-49 所示,值得注意的是,机翼或水平安定面的某些部位可能是水平的,或者在少数情况下具有上反角。

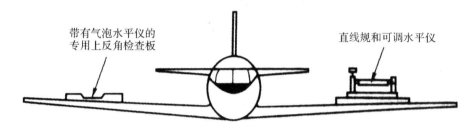

图 2-49 机翼上反角检查

安装角的检查可使用安装角检查板,检查方法如图 2-50 所示。检查机翼安装角至少在机翼两个不同展向位置进行,以避免机翼扭转的影响。把检查板放置在机翼表面上厂家指定的位置,检查板的前止挡应靠在机翼前缘,另一个支脚应处于结构的特定部位上。如果安装角正确,则检查板顶部的量角器读数为零,或在规定的误差范围之内。

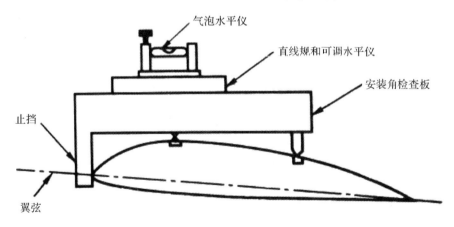

图 2-50 机翼安装角检查

2.尾翼的校准

水平安定面上反角和安装角的校准检查方法与机翼类同。在完成水平安定面的校装之后,可以进行垂直安定面垂直度的检查。

从垂直安定面顶部两边的给定点开始,到水平安定面左、右两边的给定点终止(见图 2-51),测量两点之间的距离。如果两边测量结果相同或在允许的误差范围内,表示水平安定面垂直度符合要求。应当注意的是,为了抵消发动机螺旋桨的扭矩等对航向的干扰作用,某些小型飞机的垂直安定面在制造安装时,其前缘偏离了机身纵向中心线。

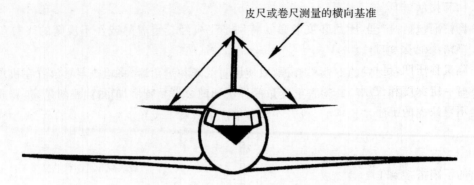

图 2-51　检查垂直尾翼的垂直度

2.6.2　对称性检查

飞机对称性检查是以飞机纵向对称中心线（面）为基准，测量从对称中心线上指定点到机体两侧主要部件对称点的距离，如两侧机翼翼尖指定点和水平平尾两侧翼尖指定点。如果测量结果两侧相等或在允许的误差范围内，则表明所测量的部件相对于机身对称中心线是对称的。

图 2-52 为飞机对称性检查的基本原理，对于具体飞机的精确数据、误差范围和检查点，可在维护手册中查找。对于小型飞机，通常可用钢卷尺进行各点之间的距离测量。在测量较大距离时，应注意控制卷尺的张力（例如 5 lb①），以减小测量误差。

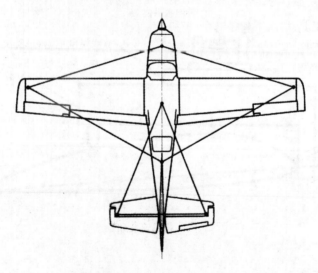

图 2-52　检查飞机对称性的方法示意图

2.7　维　修　工　单

飞机金属零件装配中，例如蒙皮或桁条的对接，常常带有下陷结构，以保持飞机光滑的气

---

①　1 lb＝0.45 N。

动外形,在对接结构部位,通常是飞机结构损伤的敏感区域。在服役中,经常会由于各种原因受到损伤,需要进行修理,因此必须掌握金属钣材的基本下陷制作技术。

1.下陷技能基本理论

下陷又称压凹,是指对型材的末端或者中间,以及钣料的边缘施加压力或者锤击力,使其形成具有一定深度和长度凹状结构的钣金操作。在航空器结构修理工作中,对型材、钣料进行压凹是不可缺少的工序。

下陷通常用于将同一平面上两个相交的金属结构件连接在一起,如飞机蒙皮、翼肋、隔框和长桁相互之间的结合处,蒙皮的搭接处等。图 2-53 为一个典型的下陷结构,角铝的一边通过制出的下陷搭接到位于同一平面的另一结构件上。在航空器结构制造和修理中,为使结合处表面平滑过渡,常对型材和钣料进行压凹,由于结构件的下陷会降低构件下陷区域的强度和刚度,因此下陷使用的斜率一般大于 6∶1。

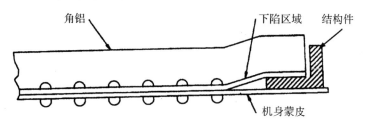

图 2-53　典型的下陷结构

2.手工制作下陷

手工制下陷的工具主要有木榔头、折板机、压凹模胎及夹具(见图 2-54)、检验样板等。

木榔头要求其工作面光滑。压凹模胎由硬木或金属制成,要求其工作面必须光滑。样板用来检查压凹深度和圆角半径。

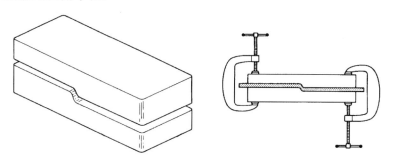

图 2-54　压凹模胎及夹具

3.折弯机制作下陷

使用折弯机制作下陷可参照图 2-55,具体步骤如下。

(1)下料并去毛刺,划压凹线及坯料检查等。再操作压板,对准压凹线后将工件压紧(见图 2-55(a))。

(2)向上转抬折弯机翻板(见图 2-55(b)),将工件折弯至 75°(下陷尺寸小时应小些)。

(3)松开压板,将工件翻转,将压板向下压工件(见图 2-55(c))。注意,在往下压的过程中要对工件右端保持一定的抵紧度,直至压板完全压下(见图 2-55(d))。

(4)向上转抬折弯机翻板,使工件右端上抬至水平(见图 2-55(e)),得到如图 2-55(f)所示的下陷工件。

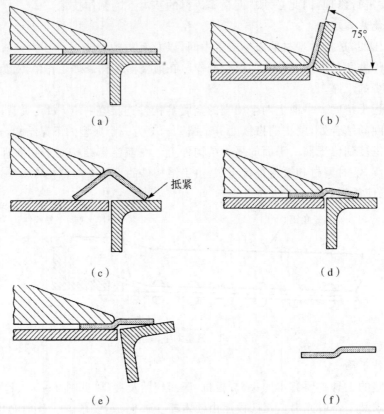

图 2-55 折弯机制作下陷的过程示意图

(a)压板对准;(b)翻板转抬;(c)翻转工件;(d)压板下压;(e)翻板上抬;(f)工件完成

4. 钣弯下陷结构的制作

本项目为金属钣料下陷结构的制作练习,通过实作掌握金属钣料的钣弯技能,该技能也是飞机结构修理的钣金基本操作技能,任务内容见表 2-1,钣料下陷外形图如图 2-56 所示。

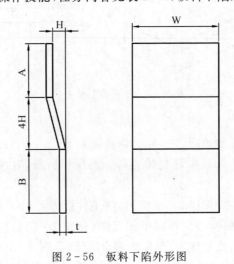

图 2-56 钣料下陷外形图

表 2 - 1　钣料下陷结构的制作任务单

任务名称	钣料下陷结构的制作		页码:共 1 页/第 1 页	
项目	内　　容		工作者	检查者
操作步骤	1.按要求检查所需设备、工具和材料。 2.参考图 2-56,按照给定的尺寸要求,计算零件下料尺寸。 3.按照下料尺寸在铝板上划线,按线剪切下料。 4.剪切边去毛刺,尖角倒钝。 5.按如图 2-55 所示的操作步骤,制作下陷。 　(1)划下陷尺寸线,工件的正反两面均应有划线; 　(2)在折弯机上对线进行折边; 　(3)翻转工件折第二边,对线折至原折边平面水平; 　(4)折第二边时如有偏斜,调整折线与原折边平行。 6.工作完成后,清点及归还工具,清理工作现场。			
施工日期		完工日期	完工签署	

复习思考题

1.机身站位编码系统有哪几个指标?

2.飞机机翼结构有哪些基本结构单元?

3.简述机翼翼梁、纵墙和桁条的构型及承载特点。

4.飞机机翼的基本功能有哪些?

5.现代飞机机身结构分为哪几种类型?

6.简述桁梁式和桁条式机身的承载特点。

7.机身的纵向和横向构件有哪些? 简述其承载特点。

8.风挡和窗玻璃的安装方法有哪几种? 安装时有哪些要求?

9.尾翼的基本结构有哪些? 分别承担何种功能?

10.飞机的主操纵面有哪些结构部件?

11.对于大多数小型飞机,操纵面的结构有哪些特点?

12.飞机气动平衡的作用是什么? 有何措施?

13.飞机结构校准检查项目有哪些?

第3章 直升机结构

3.1 结构适航性设计要求

3.1.1 概述

直升机结构的设计要满足各种适航标准,包括在飞行和地面所受的载荷、空气动力学的要求和有效携带各种商载的需要。更为重要的是安全方面的考虑。

直升机的形状和布局根据它的操作类别和工作环境来决定,虽然直升机的外形、大小和配置千差万别,但总体构型基本相同。图3-1为典型直升机的机身结构示例图。

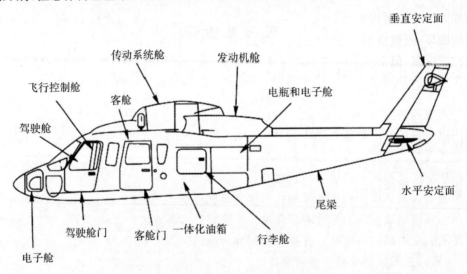

图3-1 典型直升机的机身结构

直升机受到的外载荷来自空中(受紊流影响或做机动飞行时)和地面(滑行、起飞、着陆和地面维护时)。其结构必须具备足够的强度,以承受各种载荷,包括在正常飞行时极端条件下的重载荷。结构必须能够承受超出它的质量多倍的力,因此,设计者必须考虑满足适航标准的结构强度要求。

直升机结构要能够承担极限载荷而没有永久变形。另外,在极限范围内的受载变形不能影响直升机的安全飞行。在每一个极端载荷条件下,必须通过静、动态测试或结构分析等方法对结构强度和变形的大小进行测试和验证。

直升机在设计和取证时给出了一个特定飞行时的最大质量,这个质量称为最大起飞质量。直升机的装载必须使起飞质量小于规定的最大起飞质量,否则结构将承担超出其设计能力的载荷,影响直升机的结构安全。

3.1.2　直升机结构设计思想

1.安全寿命设计思想

航空器结构构件出现可检裂纹被看作是一种破坏,形成这种裂纹所需的时间就是构件的疲劳寿命。安全寿命设计思想最早出现于 20 世纪 50 年代,所谓安全寿命设计是要求直升机结构在一定阶段内不发生疲劳破坏。采用安全寿命设计思想进行航空器结构设计时,通过对航空器结构的各种科学计算和分析,对航空器结构进行安全寿命估算和评定。这种设计思想是以结构无初始缺陷假设为基础的,事实上,即使在严格的质量控制条件下,在结构中总有可能出现未被发现的初始缺陷或裂纹。如果这些裂纹得不到控制而进一步扩展,就会造成结构失效。因此采用安全寿命设计方法测算的寿命与实际试验和使用寿命相差很大,因而安全寿命设计思想不能确保航空器结构的安全性,结构必须作经常性检查。

在给出安全寿命时,要考虑磨损、疲劳和腐蚀情况的影响。寿命可以用飞行小时、起落或循环等来表达。

2.破损安全设计思想

由于安全寿命设计思想不能保证安全可靠,20 世纪 60 年代开始提出了破损安全设计概念。破损安全是指结构构件破坏之后,它所承担的载荷可以由其他残余结构继续承担,以防止航空器的破坏,或航空器刚度降低过多而影响航空器的正常使用。因此这种设计思想允许航空器结构有破损,但必须保证航空器的安全。

需要提醒的是,如果某一允许失效件发生故障,残余结构承担负载后,就再没有后备件,应尽可能及早检查出故障,以防止发展到无法挽回的地步。

3.损伤容限

破损安全与安全寿命相结合的设计思想仍然带有一定的局限性,仍不足以解决安全与寿命问题,而且整架直升机因重复性结构而质量过大。随着科学技术的不断发展,从 20 世纪 70 年代开始出现了损伤容限设计思想。

图 3-2 和图 3-3 分别为损伤容限结构和破损安全结构示例。

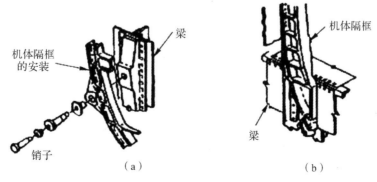

图 3-2　损伤容限结构示例

(a)只有一个销子连接(旧式设计);(b)由一组高强度紧固件连接(现代设计)

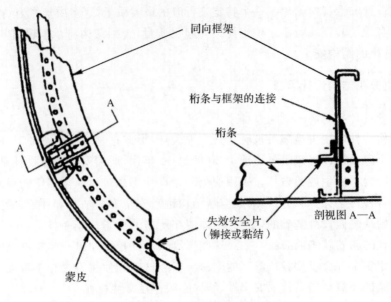

图 3-3　破损安全结构示例

损伤容限的概念是承认结构中存在一定程度的未被发现的初始缺陷、裂纹或其他损伤。通过损伤容限特性分析与试验,对可检结构给出检修周期,对不可检结构给出最大允许初始损伤,以保证结构在给定的使用寿命期限内不会发生因未被发现的初始缺陷、裂纹或其他损伤扩展而引起灾难性的破坏事故。

损伤容限的概念要求裂纹在日常检查中能被发现且裂纹的生长率很低,检查周期可以进行调整。确定检查周期的原则是如果一个可检裂纹在一次检查中错过,裂纹发展到下一次检查时仍不失效。最小可检裂纹长度由厂家来给出,并且在直升机取得适航证时得到局方认可。

4. 耐久性设计

耐久性的含义是指在规定的时间内,航空器结构抵抗疲劳开裂、磨损、腐蚀及外来物损伤的能力。耐久性设计思想的基本要求是航空器结构应具有大于一个设计使用寿命的经济寿命。所谓经济寿命是指结构出现大范围的裂纹,以至于如果要修理则不经济,不修理又会影响使用功能的结构寿命。在经济寿命时间内,结构不会出现功能消弱或失效,例如油箱渗漏。耐久性设计因此成为提高航空器结构耐久性和维修经济性的重要设计方法,它保证航空器结构具有最低的维修费用。

当然,在航空器结构设计中,总是首先确保结构满足静强度设计和刚度设计要求,同时还要使航空器结构满足抗疲劳设计要求,使它具有高寿命、高可靠性和低维修费用的特点。损伤容限设计是保证航空器结构的安全性和可靠性,确定航空器结构可允许的最大损伤尺寸;耐久性设计则是使航空器具有良好的经济维修性,可以确定航空器结构的经济使用寿命。

5. 应力集中

应力集中是指横截面的突变而引起材料应力发生变化(见图 3-4)。

在一个部件上,应力集中发生的地方是裂痕开槽、裂纹、切口,甚至是紧固件的孔等。解决方法是避免横截面突变,采用倒圆角和过渡角,并精心安排孔的位置。

对结构来说,这种应力集中效应可能会出现在结构件的末端。

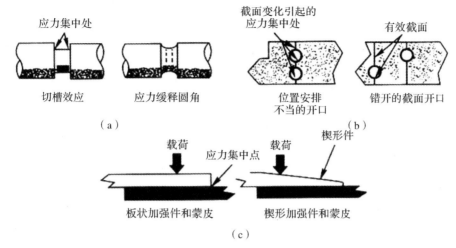

图 3 - 4 应力集中说明图
(a)轴件切槽;(b)板料开孔;(c)板厚突变

如果一个桁条末端突然截止的话,它所传递的力在局部会造成应力集中。为了防止这种情况,可以将桁条设计成楔形,使应力逐渐传到周围的地方,或使用端头连接来传力。

在机身开口处,如窗户和舱门,使用额外的加强框来吸收蒙皮和桁条传来的应力,以及从门铰和止动上传来的力。

3.1.3 直升机结构的分类

一般直升机结构主要由两部分构成:前机身结构和尾部结构,还有整流罩和包皮等。根据结构的功能和失效后果的不同,每一主要部分所包含的结构又分为主要结构和次要结构。

1. 主要结构

在空中、起飞或着陆时,结构部件的失效会直接导致结构塌损、动力损失、系统或部件的故障或失效,会严重影响直升机的安全和操纵,这样的结构称为主要结构,如图 3-5 所示。

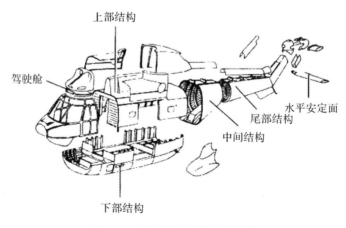

图 3 - 5 典型的直升机主要结构

2. 次要结构

次要结构是指主要结构以外的其他结构,与主要结构的描述相同,但安全裕度允许结构有明显的降低,如驾驶舱地板、仪表板、客舱地板、电气安装架和脚踏板等。

3.2 直升机区域和站位识别系统

3.2.1 直升机结构分区

整个飞机结构可以划成特定区域,利于识别所需要检查、维护和修理的区域。区号可以进入计算机化的维护记录系统来简化记录的处理。通过参考手册上的分区号,机务人员很容易定位所需实施维护工作的区域。

对于直升机的分区,因其简单的机身结构布局和大小,并不严格按照美国航空运输协会(ATA)的规定进行划分。现阶段的工业标准是对直升机区域直接命名,而不采用较复杂的数字系统。直升机厂家在其提供的维护手册和维护大纲中标出直升机的区块,并以反映该区块的传统名字直接命名。

图 3-6 为一架 S-76 直升机的分区示意图,不同颜色和标记代表不同的区域。

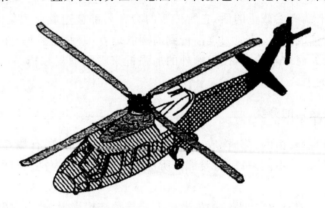

图 3-6 S-76 的分区示意图

3.2.2 直升机站位识别系统

为精确定位直升机上的某个位置,需要使用一种类似地图上的网格坐标系统。直升机上任何一个点可以通过测量距横轴、立轴和纵轴的相对垂直位置来定位。直升机的站位识别系统与固定翼飞机类同,图 3-7 为一架直升机的站位。

1.机身站位

沿机身纵轴方向的距离称为站位,它们的数字代表距一个固定参考点的距离,用于水平方向定位。常用单位是英寸(in)或厘米(cm),直升机一般使用毫米(mm)。参考点通常在机头或在机头前方的空间点。在参考点之后的站位号为正值,参考点之前的站位号为负值。

机身框架只需要一个站位号就够了,但小零件或位置还需要在垂直方向和横侧方向定位。

2.中心线

中心线是指与穿过纵轴线的垂直平面的左或右的距离,用于横侧方向定位。用"LBL"或"RBL"表示中心线对直升机的机翼定位非常有用。

3.水位线

水位线是指沿机身立轴方向上的距离,用于垂直方向定位。参考点是机身上某一合适的部件,如客舱地板或直升机停放的地面。水位线的测量值在参考点以上为正值,以下为负值。

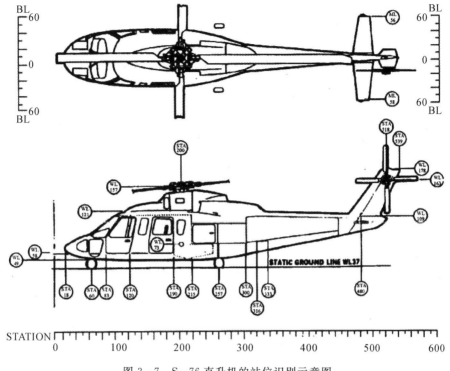

图 3-7　S-76直升机的站位识别示意图

3.3　直升机机身结构

直升机自 20 世纪 30 年代诞生之日起,经过几十年的技术发展,其结构所应用的元件范围越来越广。直升机结构所使用的结构构件与固定翼飞机基本相同,通常有 3 种基本类型用于直升机机身、尾部和发动机吊舱。

(1)桁架式结构。

(2)承力蒙皮结构——硬壳式或半硬壳式结构。

(3)复合材料结构。

尽管直升机和固定翼飞机使用相同的组装技术,但其基本结构的变化仍然比较大,这主要是因为航空器结构上所受的应力和载荷作用的位置不同。

对于固定翼飞机,升力和推力是分开的,机翼连接点传递升力,发动机安装点传递推力。直升机机身则在同一点承受推力和升力。这意味着要建立一个中央结构来承载,因为主桨既是机翼又是推进器。

着陆冲击对直升机结构又增加了一个载荷因子。直升机不需要向前的速度来得到平稳着陆,因而有些直升机装有滑橇取代轮式起落架。固定翼飞机受两个方向的着陆载荷,直升机通常仅有垂直方向的着陆载荷。有时候,比如在自转着陆时,直升机也承受两个方向的着陆力。

因此,尽管在水平方向上的力远小于固定翼飞机,但仍然要设计承力结构。

3.3.1 桁架式结构

早期一些小型直升机使用桁架式结构。尽管这种结构强度质量比较高,但制造花费也很高,桁架式机身骨架由铝合金制成,并且用实心杆件或管材做成撑杆,通过焊接、铆钉或螺栓连接成为整体。为了减小机身阻力,在桁架式结构外面固定有整形用的隔框、桁条和蒙皮。这种结构很难保证尺寸紧密配合,且由于蒙皮不参与受力,其抗弯性和抗扭刚度较差,内部空间不能得到充分利用。其最大优点是外场修理方便,只要不是严重性损坏和需要结构校准对中时,外场都可以修理。

1.结构型式

桁架式结构支撑所有转动部件、传动系统和发动机驱动轴。它与其他部件的连接点均设在整体框架的节点上,节点上装有传递集中力的对接接头。桁架式结构分成两种:一种是普拉特式(或叫 N 形),另一种是瓦轮式(称为 W 形),两种结构形式都是围绕着大梁来搭建结构,而大梁是承载扭曲和弯曲的主要部件。

(1)普拉特式(PRATT):这种类型的机身大梁由横向和垂直钢管连接,通过对角连接件加强,钢管承受拉伸载荷,如图 3-8 所示。

(2)瓦轮式(WARRZN):这种类型主要依靠对角件来承受拉伸和压缩载荷,如图 3-9 所示。

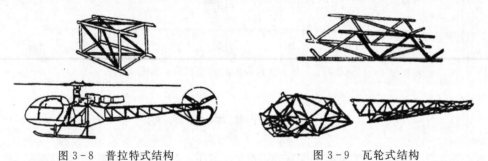

图 3-8　普拉特式结构　　　　　　　图 3-9　瓦轮式结构

2.结构修理

机身结构出现损坏,如裂纹、划伤、压痕、腐蚀和弯曲等,可将损坏的部分除掉,并平整地过渡到周围材料,所去掉的深度要符合修理手册的标准。损伤材料去除后,可以使用专用设备对损伤深度进行测量。修理方法通常为焊接补丁(见图 3-10)或在内部与外部搭接加强(见图 3-11)。对于高应力的部件,在焊接修理后,需做无损探伤检测。

3.弯曲极限

为了测量一个结构件比如管状撑杆的弯曲程度,可以使用直角量器和塞尺。如果结构件没有突出的安装点,直尺可平放在沿结构件长度的方向上,用塞尺测量最大间隙处数值,再计算结果。

注意:除非修理手册中另有规定,通常可接受的最大弯曲度为 1:600。

如果测量有突出物的结构件,用带 3 个指针的测量器来跨过突出物,3 个指针长度要一样,将测量器放在对接构件上,通过测量中间指针距结构件的间隙,除以测量器的长度,得出结构件的弯曲度。

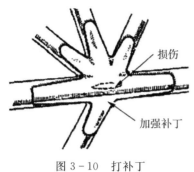

图 3-10　打补丁

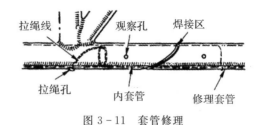

图 3-11　套管修理

3.3.2　承力蒙皮结构

大多数现代直升机的机身设计都是承力蒙皮理念。承力蒙皮通常很薄,主要用于承受剪应力和拉伸方向的应力,而与蒙皮所连接的机身框架承受压缩载荷。

机身是直升机的主要结构,主要用于支持和固定发动机、主减速器、旋翼、尾桨和起落架装置等部件,同时又是直接承受空气动力的部件,构成直升机的气动外形。另外,机身还具有承载和传力的作用,飞行中的各种载荷通过连接接头以集中载荷的形式作用在机身上,并通过机身结构把这些力和力矩分散传递到各个部位,最终使机身各个部位上的力和力矩均获得平衡。

与蒙皮相连的机身内部构件包括大梁、隔框、桁条、长桁等,通过铆钉、螺栓、螺钉、焊接或胶接连接起来,形成一个整体结构。蒙皮铆接或胶接到结构上形成一个完整单元,其厚度随在直升机上位置的不同而变化。

1. 硬壳式结构

硬壳式机身指没有内部结构,其最大问题是既要保持结构的强度,又要使质量保持在允许的限制内。蒙皮很厚,是主要的承力构件,目前基本不采用这种结构。

2. 半硬壳式结构

半硬壳式又称为桁条式,其结构的优点很多,它不仅仅只依靠少数部件来保持结构强度和刚性。机身构件主要由纵向构件、横向构件和蒙皮组成,使设计和制造流线型机身更方便,同时结构的强度和刚性得到加强,这意味着半硬壳式结构因它的应力蒙皮结构,可以承受更大的损伤并保持其形状不变(见图 3-12)。

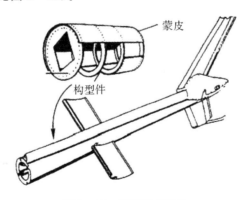

图 3-12　半硬壳式结构

3.3.3 桁梁式结构

桁梁式机身与桁架式机身相比,由于桁条和蒙皮参与了总体受力,材料利用较合理,抗扭刚度较大,内部容积利用较充分。此外,由于大梁较强,这种结构的机身便于开口。桁梁式机身由隔框、梁、桁条和蒙皮等构成。

1. 隔框

横向的结构件通常被称为隔框,其中承受集中载荷并且也是其他部件安装点的隔框称为加强隔框。加强隔框有较强的缘条和腹板,在集中载荷作用处还有较强的接头,主要安装在如减速器、发动机、安定面的安装点。普通隔框通常是很轻的构件,用于保持机身形状,提高纵向构件的抗失稳能力,承受蒙皮传来的气动载荷。

2. 梁

梁属于纵向构件,剖面尺寸较大,有较强的缘条和腹板,两端对接处还装有较强的对接接头。梁主要承受和传递弯曲载荷和轴向载荷,提高蒙皮承载能力。梁是机身内最强的纵向部件,可以从前端贯穿到后端。短梁也可以用于机身开口处。

3. 桁条

桁条也是纵向元件,但小于且轻于长梁。桁条可以贯通整个机身长度,它穿过隔框的开口,其主要作用是保持蒙皮的强度和形状。桁条用铝合金经挤压成形或铝板卷曲成形(见图3-13)。

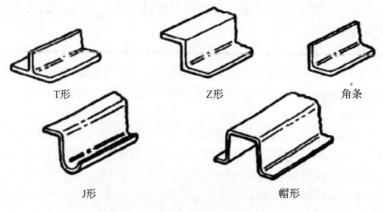

图 3-13 桁条

4. 承力蒙皮

金属蒙皮铆接到长梁、桁条、隔框和其他结构件。承力蒙皮可以承受大多数载荷,其厚度随载荷大小和位置而变化。

5. 加强件

在某些需要的地方,如门、货舱、窗户等开口周围,需要增加一层额外蒙皮来提供额外强度。加强件可能与原来的构件厚度不一致。如果应力很大,可以使用多层加强蒙皮以阶梯形叠加,以防出现过大的应力集中。

6. 地板结构

直升机的地板承受商载,铝合金地板梁在隔框处沿机身横向与隔框连接,地板安装在梁上。地板采用蜂窝式结构,上面有固定座椅的滑轨。

　　7.减重孔

　　在内部结构上,可以见到一些开孔,孔边卷起。这些开孔是为了减轻质量,同时也利于导线、操纵杆、管路等结构件的穿过(见图 3 - 14)。

　　8.对接框

　　机身对接处的隔框必须是加强隔框,用螺栓将两边对接框连接起来。这样设计便于运输时分解和组装,也利于厂家设计加长板来延长机身(见图 3 - 15)。

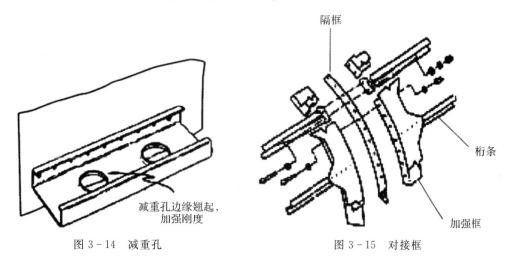

图 3 - 14　减重孔　　　　　　　图 3 - 15　对接框

　　图 3 - 16 为某型直升机机身结构的框架示意图。

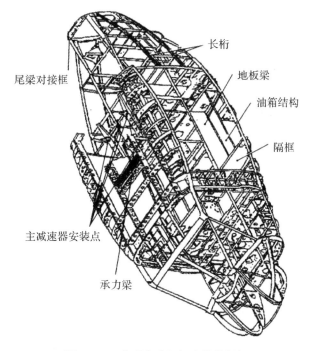

图 3 - 16　典型直升机机身结构框架

3.4　旋　翼　结　构

3.4.1　旋翼结构形式

旋翼由桨毂和数片桨叶构成。桨毂安装在旋翼轴上,细长的桨叶则连在桨毂上。根据桨叶和桨毂的连接方式,单旋翼尾桨式直升机的旋翼结构主要包括铰接式、半铰接式和无铰接式等结构形式。

1. 铰接式旋翼

在铰接式旋翼中,桨叶通过轴向铰(变距铰)、垂直铰(摆振铰)和水平铰(挥舞铰)连接在桨毂上。在挥舞和摆振方向,桨叶根部是铰接;在扭转方向,由于桨叶通过变距拉杆和操作系统连接,则属于铰链弹性约束。其原理如图 3-17 所示,例如米-8 和米-17 直升机旋翼都属于此种结构形式。

铰接式旋翼结构大大减少了桨叶根部所受的弯矩,并消除了前飞时旋翼使直升机倾侧的力矩。但这种旋翼形式结构复杂,组件零件多,维护工作量大,许多零件不便目视检查,可靠性差;铰接轴承在小摆幅和大载荷下,工作寿命短;由于水平铰外移量小,故直升机操作性和稳定性较差。

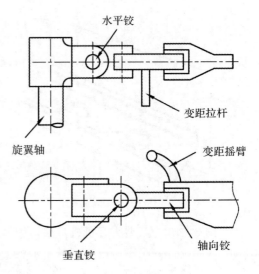

图 3-17　铰接式旋翼原理图

2. 半铰接式旋翼

半铰接式旋翼通常仅用于两片桨叶,跷跷板式就属于这种形式。旋翼的两片桨叶连成一体,共用一个水平铰,有轴向铰(见图 3-18),无垂直铰,因而没有减摆器。

半铰接式旋翼的结构简单,桨叶不能独立挥舞,桨叶根部所受弯矩较大;由于水平铰位移量为零,所以其操作性和稳定性更差;同时桨叶振动幅度较高。

3. 无铰接式旋翼

无铰接式旋翼只有轴向铰,没有水平铰和垂直铰(见图 3-19),水平铰、垂直铰的作用由旋翼相应的弹性变形来代替。因此,这种旋翼的桨叶和桨毂具有一定的柔度,弯曲刚度较低。直-9、武直-9 和"山猫"等直升机旋翼属于此种结构。

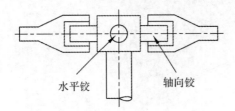

图 3-18　半铰接式旋翼原理图

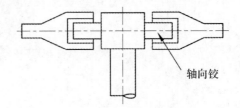

图 3-19　无铰接式旋翼原理图

与铰接式和半铰接式旋翼相比,无铰接式旋翼的优点如下。

(1)简化了结构,减少了维护工作量,提高了工作可靠性。

(2)改善了直升机的操作性。直升机的操纵,除靠旋翼桨盘倾斜外,还借助于桨叶对桨毂的作用力矩,两力矩的大小取决于水平铰的外伸量。半铰接式外伸量为零,铰接式外伸量约为旋翼半径的 1.4%～3.6%,而无铰接式外伸量约为旋翼半径的 15%。因此,无铰接式旋翼桨叶作用在桨毂上的操作力矩很大,从而可以直接操作直升机,其操作功效约为铰接式的 4 倍,半铰接式的 10 倍以上。

(3)改善了直升机的稳定性。无铰接式旋翼角速度阻尼较大,所以直升机稳定性较好。

无铰接式旋翼的缺点是:桨叶在挥舞面内的弯矩比铰接式显著增大,工作时交变应力较高而影响桨叶的使用寿命。

3.4.2 桨叶的结构形式和受力特点

旋翼桨叶的材料是直升机划代的一个很重要的依据,一代机为木质桨叶,二代机为全金属桨叶,三代机为复合材料桨叶。木质桨叶就是将符合要求的木材加工成桨叶。全金属桨叶主要由金属大梁和后段件组成,大梁主要由铝合金或钛合金加工而成,是主要受力部件,后段件一般由铝合金加工成一定的形状黏结在大梁上,和大梁一起构成翼型,也有后段件内填充铝蜂窝来支撑以保持后段件形状。复合材料桨叶也由大梁和后段件组成,只不过都是由复合材料加工而成的。

1. 金属铰接式旋翼桨叶结构形式

桨叶主要由大梁、梳形接头、后段件、翼尖罩、防冰装置和大梁损伤信号系统等组成,如图 3-20 所示。米-8、直 8 和米-17 直升机的 5 片桨叶均属于这种结构。

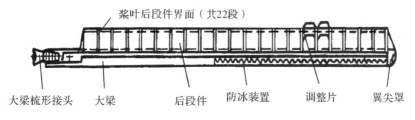

图 3-20 金属铰结式旋翼桨叶

以米-8 为例,大梁由铝合金不变截面的压制型材制成,截面形状为 D 形空心梁,从根部到尖部逐渐变薄,并且具有一定的几何扭转角,其中 1～4 号截面的几何扭转角为 5°,4～22 号截面的几何扭转角为 0°。大梁内腔的上、下缘板上装有 4 对加强筋,其中内腔前缘的一对加强筋上装有 8 根钢配置条,每根长 400 mm,质量为 1 kg。大梁后缘的厚度不相同,第 2 号后段件处的厚度为 6.05～7.45 mm,第 4～21 号后段件处的厚度为 4.75～5.85 mm。

大梁后缘铰接有 21 块独立的后段件,每块后段件都由蒙皮、蜂窝调料、翼肋和尾桁条等组成,相邻两块后段件之间装有密封衬块,如图 3-21 所示。蒙皮由 0.3 mm 的铝板制成;蜂窝填料由 0.04 mm 的铝箔带制成,形状为边长 5 mm 的六面体;翼肋用 0.3 mm 的铝材制成,其前端与大梁腹板黏结;尾部桁条用夹布胶布制成。蒙皮、蜂窝填料、翼肋和尾部桁条等用 BK-3 胶黏剂黏结在一起。

2. 钛合金梁旋翼桨叶结构形式

钛合金梁旋翼桨叶由大梁、后部构件、接头、翼尖罩和防冰装置等组成,如图 3-22 所示。

"黑鹰"直升机的 4 片桨叶就属于这种结构。

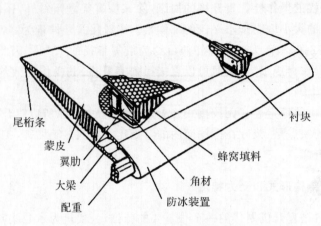

图 3-21　金属桨叶的后段件结构

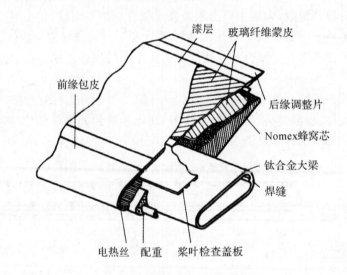

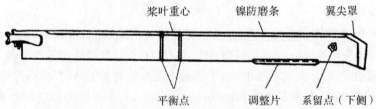

图 3-22　钛合金梁旋翼桨叶

　　以"黑鹰"为例,大梁截面为扁圆形,由 3.18 mm 的钛合金板材滚压后焊接而成,两端密封,根部装有充气阀门、目视压力指示器和电放冰导线插头,前缘装有填隙塑料、配重、电热防冰加温层和钛合金前缘蒙皮,外端部固定有后掠翼尖罩、静平衡配重和动平衡配重。

　　桨叶后部构件是由 Nomex 蜂窝填充料、玻璃纤维蒙皮和碳纤维后缘条胶接而成的整体结构,并借助于蜂窝填充料,玻璃纤维蒙皮和钛合金大梁胶接成一体。在后部构件外段气动力强的区域,装有调整桨叶动平衡的后缘调整片。

3.复合材料旋翼桨叶结构形式

复合材料旋翼桨叶主要由大梁、蒙皮、桨根加强层、桨叶蒙皮支撑件(Z形梁、聚氨酯泡沫填块)、静平衡配重和动平衡配重等组成,如图3-23所示。直-9直升机的4片桨叶属于这种结构。

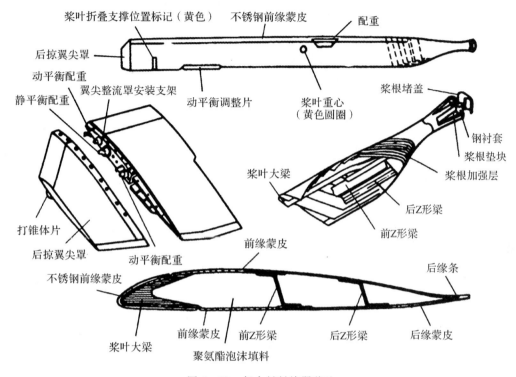

图3-23　复合材料旋翼桨叶

桨叶大梁的截面形状呈C形,由100%的玻璃纤维预浸料带制成,是桨叶的主要承力件。为了保证桨叶必要的弦向重心位置,在大梁前缘里旋翼转轴中心 $R/2$(R 为旋翼半径)处,装有黄铜整体配重,使桨叶的弦向重心前移,以调整桨叶的挥舞固有频率,防止桨叶颤振。

桨叶蒙皮由前缘蒙皮和后缘蒙皮组成。其中,前缘蒙皮由4层碳纤维布黏合而成,后缘蒙皮由2层碳纤维布黏合而成,在前、后缘碳纤维蒙皮的表层上黏合一层玻璃纤维布作为保护层。为提高桨叶根部的抗扭刚度,在其蒙皮内侧增加了玻璃纤维和碳纤维加强层。

桨叶的后缘条也是由玻璃纤维布制成的。

桨叶蒙皮支持件由前Z形梁、后Z形梁和聚氨酯泡沫填块组成。其中,前Z形梁用4层碳纤维布黏合而成,后Z形梁为1层玻璃纤维布。前、后Z形梁与蒙皮黏结在一起,使桨叶截面形成多闭室结构,同时,Z形梁对桨叶蒙皮沿弦向分段约束,从而提高了桨叶的抗扭刚度。

4.桨叶受力特点

旋翼工作时,作用在桨叶上的载荷主要有气动力、离心惯性力、减摆力矩、挥舞和摆振运动的惯性力等。

(1)挥舞面内的桨叶载荷。

当直升机悬停或垂直升降时,如果不需要周期变矩,而直升机能保持平衡,即桨叶处于轴流工作状态,此时桨叶上所受的力主要是气动力 q_{τ} 和离心惯性力 n_{τ},两者数值大小相同,且不随时间改变,桨叶的受力如同单支点自由梁(见图3-24)。

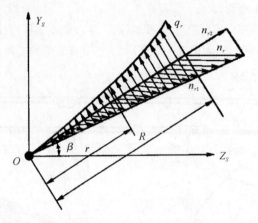

图 3 - 24　轴流情况下桨叶所受挥舞面内的载荷

图 3 - 25 是桨叶在气动力和离心惯性力作用下的弯矩图和剪力图。从图中可以看出,气动力 q_r 沿桨叶径向按抛物线分布,离心惯性力的垂直分量 n_{r1} 沿桨叶径向呈线性分布,两者的方向相反,共同作用的结果使桨叶所受的剪力和弯矩减小,起离心卸载作用。

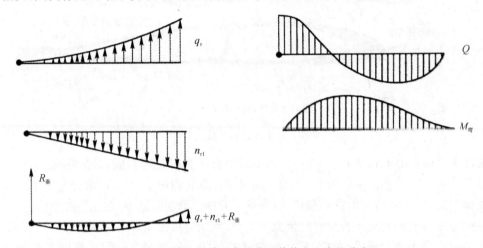

图 3 - 25　桨叶所受垂直载荷及其剪力和弯矩分布

综上所述,在轴流情况下工作时,桨叶在挥舞面内的受力主要是离心力 n_{r2} 引起的桨叶轴向拉伸,拉伸力在数值上约等于离心力;其次是弯矩和剪力,桨叶重力与上述载荷相比,数值很小,可忽略不计。

当直升机前飞时,桨叶在斜流情况下工作,此时,作用在桨叶上的力有气动力、径向离心力、桨叶挥舞引起的惯性力等,这些力都是周期变化的。

（2）旋转面内的桨叶载荷。

在旋转面内,作用在桨叶上的力有气动阻力、离心力、挥舞惯性力、因挥舞运动而产生的哥氏力和摆振运动时的摆振惯性力等,桨根还承受减摆器力矩。

与挥舞面内的桨叶载荷相似,气动阻力与离心力在垂直桨叶轴线方向的分量相反,两力叠加后的结果,使桨叶在旋转面内的弯矩也因离心力的卸载作用而降低到很小。同时,因桨叶在旋转方向的抗弯模量较大,其弯曲应力较小。

3.4.3　尾桨结构与受力特点

1.尾桨结构形式

尾桨结构形式,按其布置的位置,可分为"开"式尾桨和"涵道"式尾桨;按尾桨毂的构造特点,可分为铰接式尾桨、半铰接式尾桨和无轴承式尾桨。

(1)铰接式尾桨。

铰接式尾桨的桨毂构造与铰接式旋翼的桨毂相似,只是没有垂直铰。由于尾桨的桨叶速度与旋翼差不多,而尾桨直径却远小于旋翼直径,单位质量所产生的离心力远大于旋翼,使尾桨桨叶的锥度角小于旋翼,即尾桨桨叶的挥舞运动,基本上是以桨盘平面为中立面的挥舞振动。因此,挥舞运动速度的径向分量小,正比于此径向分速度的哥氏力。直-8直升机尾桨采用的是这种结构。

铰接式尾桨的特点是:构造复杂,尾桨旋转面内的受力较为严重,维护工作量大,寿命较低。

(2)半铰接式尾桨。

米-8直升机采用这种结构。其特点是:桨叶的离心力在桨毂壳体上自相平衡,不传给挥舞铰,挥舞铰受载大大减小,从而使桨毂结构紧凑,质量减轻。

(3)无轴承式尾桨。

美制 S-76 直升机采用该种结构。无挥舞铰和变矩铰,桨叶的变矩运动由复合材料大梁的扭转变形来实现。四片桨叶由复合材料组成,相对的两片桨叶大梁是一个整体,两个大梁交叉叠置,用夹板夹持在一起。离心力在大梁中自相平衡,没有单独的桨毂,结构简单,与其他尾桨相比,结构零件减少约 87%,质量减轻 30%。

(4)涵道式尾桨。

直-9,EC145-T2 等直升机采用这种结构。尾桨布置在尾梁结构之中,类似一般的鼓风机。尾斜梁一般制成垂直尾翼形状,剖面为不对称翼型,前飞时产生侧向气动力,对尾桨起卸载作用。

特点:减少了地面人员或机外物体与尾桨相撞的可能性,安全性好;前飞时,由于整个尾面可以提供拉力,因此,可以减小尾桨的需用功率,提高尾桨传动系统的使用寿命。但由于悬停和垂直飞行时,涵道风扇功率消耗大,对直升机的静升限不利。

2.尾桨受力特点

尾桨的作用是:产生拉力以平衡旋翼的反作用力矩,进行直升机的航向操纵。其受力特点与旋翼相似,两者的差别为:

(1)离心力大,尾桨桨尖的线速度与旋翼差不多相等,一般为 $180\sim240$ m/s,但由于旋翼半径约为尾桨半径的 $4\sim6$ 倍,故质量相同的质点在尾桨桨叶上所产生的离心力约为旋翼桨尖上的 $4\sim6$ 倍。

(2)旋转面内的受力较挥舞面内大,由于尾桨没有垂直铰,在旋转面内,尾桨桨叶以悬臂梁形式受载,根部弯矩大。

3.尾桨叶结构特点

尾桨叶的结构与旋翼桨叶的结构类似,分为金属结构桨叶和复合材料桨叶两种。

(1)米-17 直升机尾桨叶。

米-17 直升机的尾桨叶为半金属结构,平面形状为矩形,没有扭转角。它主要由大梁、梳形接头、后段件、翼尖整流罩和电加温防冰装置盖板等组成,如图 3-26 所示。

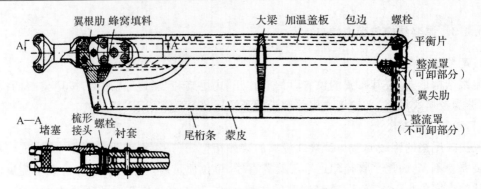

图 3-26 米-17 直升机尾桨叶

桨叶大梁用铝合金压制而成,截面形状为 D 形。后段件由玻璃纤维(厚度为 0.4 mm)、蜂窝填料、尾桁条、翼根肋和翼尖肋等组成。其中,蜂窝填料由厚度为 0.04 mm 的铝箔黏成,尾桁条由玻璃纤维制成,后段件用 BK-3 胶黏在大梁的上、下侧板和后壁板上。

不可拆卸翼尖整流罩铆接在翼尖肋上,接合面处涂有胶黏剂;可卸整流罩由不锈钢制成,用 4 个带托板螺母的螺钉固定在大梁的外端面。

电加温防冰装置盖板用胶黏剂黏结在大梁的前缘,它由 5 层绝缘玻璃纤维布、电加温元件及表面橡胶防腐层等组成。其中,电加温元件由不锈钢制成,分为两组,每组两片,用胶黏剂黏结在玻璃纤维层之间;在橡胶防腐层的外面黏有耐磨金属材料制成的包边。

(2)"黑鹰"直升机尾桨叶。

"黑鹰"直升机的尾桨叶由 4 片构成,分为两组。每组两片桨叶共用一根大梁,两组桨叶采用十字交叉梁排列。尾桨叶由大梁、蒙皮、蜂窝填料、翼尖罩、配重、电热防冰加温层、桨叶边距摇臂、弹性橡胶轴承、密封装置等组成,如图 3-27 所示。

桨叶大梁由石墨碳纤维材料压制而成,从梁的中心到梁的外端,其厚度是变化的。蒙皮由玻璃纤维制成;梁与蒙皮之间用铝蜂窝填料支撑;后部蒙皮由 Nomex 蜂窝结构支撑;前缘由内向外依次装有填料、铅配重、电热防冰加温层胶接在玻璃纤维蒙皮上的聚氨基甲醇乙酯防磨条和镍合金防磨条。桨叶外端的螺桩上固定有平衡配重,可更换的翼尖罩固定在梁的外端。

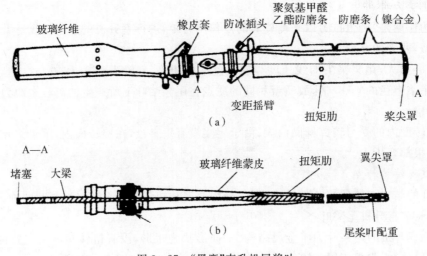

图 3-27 "黑鹰"直升机尾桨叶

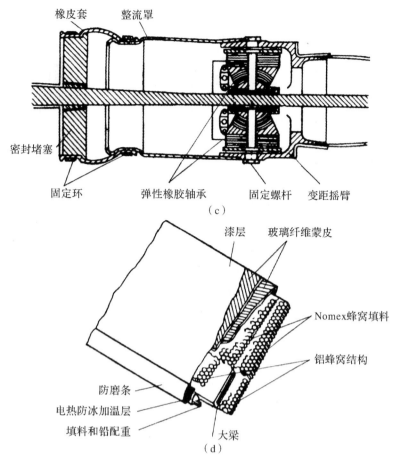

（c）

（d）

续图 3-27　"黑鹰"直升机尾桨叶

（a）外形图；（b）剖视图；（c）剖视图局部放大图；（d）大梁内部结构

（3）直-9 直升机尾桨叶。

直-9 直升机尾桨叶共有 13 片或 11 片，由铝合金材料加工而成，如图 3-28 所示。桨叶的根部为圆筒形，根部的下段制有桨叶变矩曲柄，并通过曲柄销与尾桨变矩机构星形件相连接。桨叶的根部插入轴承内，并通过轴承支撑在桨毂壳体的径向孔座内，可绕径向孔座转动。

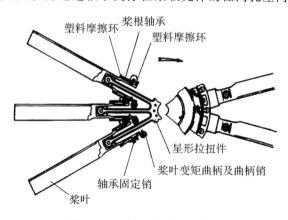

图 3-28　直-9 直升机尾桨叶

3.5 直升机部件的连接

3.5.1 尾梁和安定面的连接

尾梁为尾减速器、传动轴、其他传动部件和水平安定面提供安装平台。

典型的尾梁是半硬壳式结构,包括大梁、桁条、隔框和铝合金蒙皮。安装座由铝合金铸造或锻造,带有合金钢衬套,用特殊螺栓连接到尾梁结构上。尾梁和垂尾直接用螺栓连接,连接点锻铆于结构上,承担和传递载荷。在某些直升机上,尾梁和垂尾由补片来进一步加强。对于可折叠式尾梁,垂尾与尾梁的连接螺栓由铰链式锁定结构取代。

水平安定面的结构经常位于尾梁区域,有些水平安定面是可调的。图 3-29 为一种水平安定面,它通过铝合金管状主梁连接卡箍或穿过垂尾的安装衬套连接。有的水平安定面,如海豚直升机水平安定面,穿过尾梁,用在尾梁安装面处两侧的固定螺栓来安装。

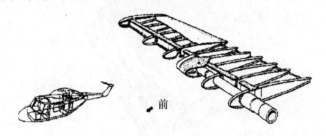

前

图 3-29 水平安定面

直升机上的水平安定面没有固定翼飞机上的升降舵那样的活动部分,在飞行中不是用来进行纵向操纵,而是起保证纵向稳定性的作用。当直升机受外力作用而使机头下俯时,机尾抬起,水平安定面迎角减小,升力也减小,从而产生一个机尾下沉的力矩,使机头上仰,恢复原来姿态。反之亦然。当然,只有直升机具有足够的前飞速度时水平安定面才起上述作用,在悬停时不起作用。因此,直升机悬停稳定性和操纵性较差。

由于直升机在着陆时采取抬头姿态,尾鳍和尾桨可能会触及地面,为了防止接触损坏,在直升机尾部结构上安装有尾橇。

3.5.2 窗户

1. 概述

由于直升机能垂直起降,相对于固定翼飞机,需要更为宽大的驾驶舱窗户。驾驶舱窗户通常由一系列透明面板组成,这些面板安装在前风挡的上下、左右位置,可以倾斜以防止眩目。这些面板用胶条和压板通过螺栓固定到框架上,胶条和密封胶用来防水。

前风挡玻璃通常需要加温来除雾除冰。它使用特殊玻璃制造,能承受热冲击。两块玻璃板中间夹着一层透明的、带加温网栅和温度传感器的塑料面板。在超美洲豹直升机上,加温电阻由金或镍制造。较大的前风挡由预成型的密封橡胶条和托架支撑,装在窗框上。在托架和窗框之间,垫好合适厚度的胶条,使得前风挡正确地安置在窗框上,达到保持窗框的自然弧度后,再用压板和螺钉固定(见图 3-30)。

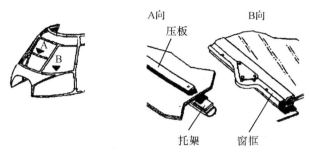

图 3-30　前风挡

客舱窗户也可使用有机玻璃板,用挤压橡胶封条安装在窗框上。橡胶封条开 4 个槽,两个槽用于装到结构上和有机玻璃板上,另两个槽安装密封条。密封条将有机玻璃板锁住。在紧急状况下,用拉带拉出密封条,再将密封条从橡胶中抽出后,推出有机玻璃板,整个窗户就可以取下来(见图 3-31)。

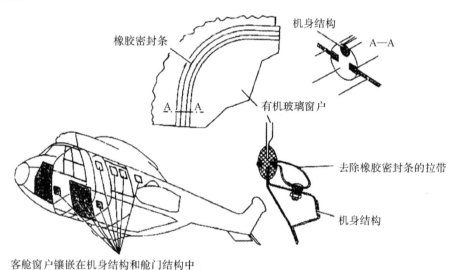

客舱窗户镶嵌在机身结构和舱门结构中

图 3-31　客舱窗户玻璃的安装

2.驾驶舱玻璃风挡的安装

(1)安装前,对窗框、玻璃和所有其他材料进行检查。

(2)窗框清洁,玻璃周围的间隙要合适。

(3)将玻璃按程序入位,注意不要在任何点施加额外力,使玻璃四周受力均匀。

(4)如果备用罗盘安装在风挡附近,要使用非磁性螺钉。

(5)安装完风挡后,对加温电阻进行测量,校备用罗盘。

3.安装客舱窗户

(1)客舱窗户通常制成合适的形状,但可能需要小的打磨。

(2)新的窗户覆盖有保护纸或膜,安装时,小心剥掉足够安装区域的保护膜,其他的仍留在面板上。

(3)遵从手册的程序,注意窗户周围的间隙和所钻的安装孔,装上后拧紧螺钉,压紧密封条。

(4)在所有螺钉到位,正确安装完成后,去除窗户上的保护膜,清洗窗户。

4.修理

对驾驶舱玻璃的修理,通常采用更换处理。小的损伤,比如轻微的划伤,可以打磨,但需要时间,也会影响视线。对只影响外观而不影响视线和适航性的复合材料板的修理,可以采用打止裂孔或补丁,详细的修理方法和程序见修理手册。

3.5.3 舱门

直升机的驾驶舱和客舱出入口安装了各种舱门,有铰接式、滑动式两种类型,有的装有窗户,有的带有应急抛放机构。

通常驾驶舱门是铰接式的,驾驶舱门拥有铝合金面板,上面装有观察窗口。驾驶舱门抛放机构如图3-32所示。

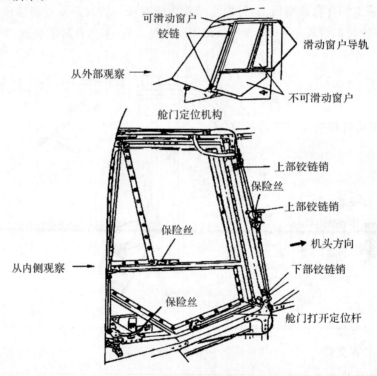

图3-32 驾驶舱门抛放机构

客舱门密封可以采用在舱门周边贴"P"或"D"形密封条,或者通过门框上与门接触处的用于封严的尼龙刷式密封来获得。铰接式门支撑在可转动的铰链销,铰链销是应急抛放机构的一部分。内外有弹簧作用的把手操纵上下锁销,锁销可卡进和退出门框上的销座里,用于开关舱门。销座内的抓钩也可以是抛放机构的一部分。为了保持门处于开着状态,舱门支撑杆两端分别连在舱门上和客舱地板上。

客舱门可以装在客舱的一边或两边,可以采用滑动式,以便于货物装卸。构件材料为铝合金或复合蜂窝材料。舱门上装有窗户,有的舱门上有抛放机构(见图3-33)。

舱门抛放把手转动铰链销,通过钢索转动销座内的抓钩,使门可以向外抛出。抛放把手用易碎罩保护,由铜保险固定。一旦进行抛放,带弹簧力的锁针作用到抛放手柄上,防止它再自动返回未抛放位置。为了保持滑动门在打开位置,一个简单的弹簧钩安装在门上,接触到机身结构上的止动块时,卡进止动块上的座里。

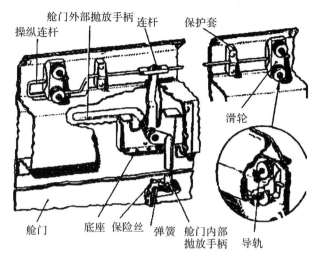

图 3-33　客舱门抛放机构

3.5.4　发动机和主传动的安装

发动机和主传动的安装必须有足够的强度,能承受部件转动时产生的应力,并能支持自身质量和着陆时的惯性载荷。

1. 发动机的安装

发动机和主传动部件的支撑和安装点有时是分开的,有时两者是合二为一的。典型的发动机支撑系统有一个发动机支架,通过一些金属和管状支座(称为载荷支座)连接到机身结构上。发动机通过两个发动机座连到支撑架上。这种支撑系统包括一个支座,用螺栓连接到发动机底部,通过撑杆支撑,撑杆再通过橡胶/金属减振器连接到结构。有些发动机采用锥形螺杆,锥形螺杆穿过一个橡胶减振垫,目的是在发动机安装过程中保护锥形螺杆的螺纹。

在典型的双发燃气涡轮发动机的直升机上,发动机前支撑也是橡胶金属混合结构。发动机后部由一个套管支撑,里面包裹着高速传动轴,套管螺栓连接到主减上(见图 3-34)。前面外侧安装点有一个可调的支柱,在发动机安装时可根据手册设定。

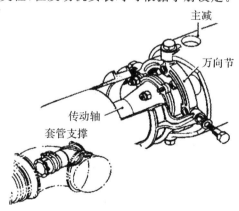

图 3-34　主减/发动机连接示意图

在正常环境下,我们认为标准的支撑和支座已经有足够强度,但仍要有备用安装以防不测,典型的方法是安装保持钢索和支杆。如果发动机支座出现问题,通常会感受到机身的振动明显增大。

2. 主减的安装

用于降低从主桨向机舱传递振动的系统称为节点梁式安装系统。主减通过撑杆连接并支撑在一个柔性梁上,在梁的底部安装惯性阻尼重块。当振动通过主旋翼传到主减再传给梁时,梁上下摆动,梁和惯性重块将吸收振动。机身与梁连接在节点处,该节点是梁上摆动最小的地方,因此振动几乎没有或只少量地传递到机身。

主减可以直接装在结构上,不用任何吸振装置。一些直升机把主减装在管状金属架上,再接到机身上。超美洲豹的主减由3个撑杆承担升力,而主桨的扭矩载荷和横向载荷则由一个钛合金柔性板承担,该板的中间连接到主减底部,在它外部的右前端和左后端由螺栓连接到机身上,如图 3-35 所示。

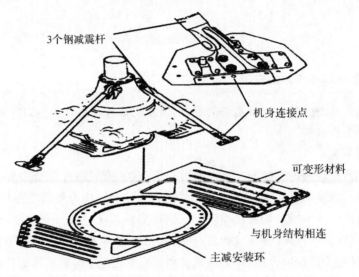

图 3-35　主减安装柔性板

有时检查主减的安装座的状态和可用性比较困难,典型的解决方法是在一些直升机上装有安装失效指示销(见图 3-36)。

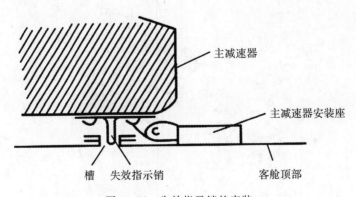

图 3-36　失效指示销的安装

3.6 排放通风系统安装和防雷击

3.6.1 排放

1.概述

为了防止水和其他液体沉积在结构内而成为火警和腐蚀源,在直升机结构内必须铺设内外排放管道。直升机排放分为内部排放、外部排放两个区域。

外部排放孔位于机身和尾部的外表面,用于将液体排放到机外。在直升机结构内,通过管路将要排放的液、气体引到排放孔处。典型的例子是在桁条处打孔,让液体向下流到底舱。

电瓶舱通常是封闭的,因此需要通风,防止腐蚀性气体进入直升机结构内;同时必须有一个能将溅出来的电解液安全地排放到机外的系统。一般用于铝/酸电瓶的部件是塑料的,用于碱性电池的部件是不锈钢的。排放口一般都从机体突出一定的长度,防止排放物在飞行中影响直升机的蒙皮。图 3-37 为电瓶舱通风。

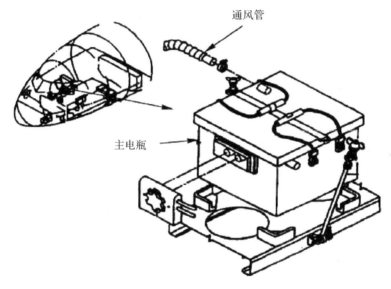

图 3-37 电瓶舱通风

2.直升机机身排放

在许多直升机上,发动机、传动系统和液压系统均装在驾驶舱和客舱顶上。为了防止泄漏的液体,如燃油、滑油、液压油和水进入机舱内,需要安装排放系统。

液体可以从液压油箱底盘、液压放油连接处、燃烧室机匣放油活门处直接收集,引到机身下部排放。在主减速器和发动机安装平台上,也有用接盘或沟槽来收集液体,再通过导管引到机身下部排放口。有的直升机装有集液箱或排放箱,将废油液体收集到排放箱内,待飞机落地后在地面进行处置。

一般在机身底部也有排放口,使从驾驶舱、客舱向下漏的液体、燃油箱漏油等从腹部排放掉(见图 3-38)。对于水陆两陆直升机,这些排放口在水上自动关闭。

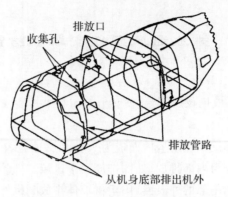

图 3-38　机身的排放管路及排放口

3.6.2　通风要求

1.通风系统

需要通风的系统包括电子电气设备、电瓶、驾驶舱、客舱和货舱等。机舱和电子电气舱的电子设备要通过设备冷却系统来冷却,冷却介质以气体为主。烟雾探测器可以安置在排放气流中探测烟雾。机身蒙皮的文氏管将电瓶周围的空气吸到机身外。

2.直升机的通风

客舱和机组舱都需要通风,保持空气流通,补充新鲜空气,排除有害气体。发动机舱也需要通风,以便发动机舱降温和排掉可能的易燃气体。

驾驶舱和客舱的通风通常与加温系统相连接,也可以隔离加温只进行通风,也就是可以单独靠引入外界新鲜空气进行通风。在每个乘客头顶装有通风系统的出风口,两个电动排气扇将客舱废气排出机外。在加温通风系统内的热区,管路使用不锈钢管;常温区使用铝合金、橡胶和复合材料。

发动机舱的冷却和通风通过引气流方式,发动机和尾部喷气管的排气根据文氏管效应,将发动机舱内的热气排出机外,如图 3-39 所示。

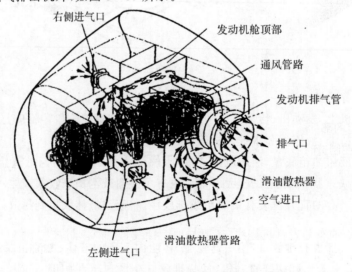

图 3-39　发动机舱的通风

3.6.3　系统安装

各种无线电设备和部件安装在专门的部位,厂家设计了各种隔罩、排放设备、托架、托板等,使得无线电设备的拆装简单化。但无线电设备区易产生热量,需要冷却气体来保持可接受的温度。风扇驱动气流给无线电设备降温,使热气排出机外。

3.6.4　防雷击

1. 搭铁

直升机在飞行中会聚集大量静电,电压极高。如果不同区域存在电位差,就会在这些部件间产生火花。这对直升机和人员来说都相当危险,会造成结构损伤、火警、无线电干扰、电击、腐蚀(电化学反应)等。在加油操作时也会出现类似的问题,大量燃油流进管路会产生静电。

为了防止机身各部件存在电位差,要在各部件间建立一个低阻值的内连网络,这就叫搭铁。这个低阻值的回路作为电路的接地,这样的线路叫单极系统,而接地通常是负极。

搭铁也可以减少雷击对直升机的影响。防止雷击的搭铁系统的组件是主导电体,其他搭铁是次导电体。主导电体由铜材料制造,如果是传递全部电流,其横截面必须大于 $6\ mm^2$;如果是多条导线分担电流,其横截面可减小。搭铁可以由很多方法实现(见图 3-40),金属件主要以连接件的导电性来接地,一些部件需要除掉漆来保证连接处的搭铁。

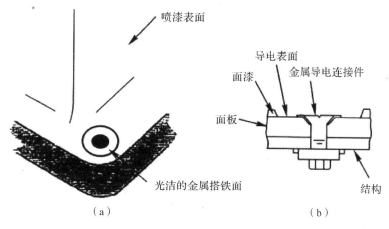

图 3-40　常见的搭铁点
(a)部件搭铁点;(b)复合面板搭接点

安装在结构上的部件通常使用搭铁线,搭铁线是端头冷压的线缆。非金属件,比如复合材料整流罩和操纵面,则在制造时添加一层导电层,可以是火焰喷射金属织铺层或导电炭基材料铺层。

在着陆时,直升机的静电要放到地上,搭铁系统要自动连接到地面,这一般通过前轮或尾轮低电阻材料的轮胎来实现。有些直升机在起落架上有静电刷或类似构件提供接地放电。

在给直升机加油时,必须连接搭铁线,通常在加油口附近装有搭铁线连接孔。起落架也可以作为接地点。加油车与直升机搭线,还要与地面接线,这样可以消除加油时产生的静电。在有些直升机上,水平安定面的后缘装有放电刷,将直升机产生的静电缓慢放掉,如图 3-41 所示。放电刷可以是一种导电的纤维材料,接到金属上或用一个导电杆连接到结构上。在飞行中,大气的静电可以影响直升机,高强度辐射场(HIRF)和雷电能够影响机载电子和电气设备,同时雷击还可以损伤结构、熔化连接件,如轴承等。

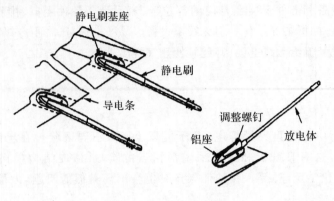

图 3-41 静电放电刷

2.搭接测试

在下列情况下,整架直升机应该检查搭铁的有效性,也叫搭接测试:计划维护要求;重新安装重大部件;更换搭铁线和搭地栓;结构受到电击的报告;电气系统的改装后。主要的静电回地路径也要检查,这叫作静电导通性检查。

3.直升机的特殊性

直升机除了机身结构外,主旋翼和尾桨也要搭铁,防止静电和雷击。搭铁线从每个轴套连到轴上,从轴上连到桨毂顶盘上。这些搭铁线是主电导体,防止电流流过轴承而发生电蚀。因此,至少有一个主电导体跨搭轴承或操纵面铰销,以防电蚀。

3.7 机身校正和线性水平检查

校装通常是指为一架直升机的各部件组装、相对校正与调整。

本节只简单介绍主要部件的相对校正或调整的检查方法,具体内容要参考机型维护手册。需要注意的是,在开始任何校装操作时,一定要认真学习维护手册并严格遵从规定的程序。

1.机身顶升点

直升机的机身较轻,通常为三点顶升,如图 3-42 所示。

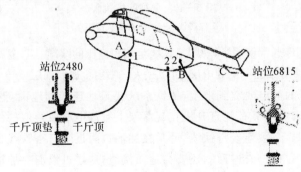

图 3-42 直升机顶升点

2.机身线性参考点

在直升机沿纵轴的机身中央线上,有用来作为检查尾梁结构和主机身结构线性的参考点,通常为直径 2 mm 的小孔,可以用铅锤来进行检查,如图 3-42 中 A,B,C 点所示。

3.机身水平测量

按照机型维修手册要求,在机身客舱地板上某个站位使用倾斜仪检查机身的横向水平。通过使用水平仪来检查机身上的目标点,可以检查机身的纵向水平。

4.机身观测目标点

机身观测目标点是指安装在机身主结构和尾梁上的瞄准目标块。

3.8　维　修　工　单

铆接是飞机金属结构零件连接的一种基本方式,掌握铆接技术是飞机结构修理的基本技能。实心铆钉铆接技术是最基本的铆接技术,其工艺包括钻孔、铆钉选取、铆钉的布置、铆接成型和质量检验五大步骤。

1.钻孔

铆接工作进行前必须先钻铆钉孔(简称铆孔)。铆孔的质量直接影响到铆接的质量,所以对铆孔有如下要求。

(1)钻铆孔时,必须正确选择钻头直径。由于普通铆钉的直径存在公差,钻头直径必须稍大于铆钉直径,铆钉才能顺利放入铆孔。如果钻头直径太大,将使铆孔过大,铆钉杆在形成墩头的过程中容易弯曲,而且不能挤满铆孔。当铆接构件受力时,未填满铆孔的铆钉,承担的载荷就小;填满铆孔的铆钉,承担的载荷就大。这样,会使各个铆钉的受力不均,不能充分发挥每一个铆钉的作用,降低了铆接构件的强度。铆钉孔径应比铆钉杆径略大一点,一般铆钉孔径比铆钉杆径大 0.1 mm 左右(见表 3-1)。

表 3-1　铆孔直径及其极限偏差

单位:mm

铆钉直径	2.0	2.5	2.6	3.0	3.5	4.0	5.0	6.0	7.0	8.0
铆孔直径	2.1	2.6	2.7	3.1	3.6	4.1	5.1	6.1	7.1	8.1
铆孔的 极限偏差	$+0.1$ 0					$+0.15$ 0			$+0.2$ 0	
更换同号铆钉时 孔的极限偏差	$+0.2$ 0					$+0.3$ 0				

(2)铆孔表面应光洁,其粗糙度 Ra 值不大于 6.3 μm。

(3)铆孔不允许有棱角,铆孔圆度应在铆孔直径极限偏差内(见表 3-1)。

(4)铆孔边缘不允许有裂纹和毛刺,不应进入钣弯件和型材件圆角内,要保证铆钉头不能搭在圆角上。

(5)铆孔轴线应垂直于零件表面。

（6）镁合金零件制孔后，应在孔表面涂环氧锌黄脂底漆。

（7）对于复合材料上的铆孔，孔壁应光滑，不应有分层、划伤、劈裂和纤维松散等缺陷。

钻孔是制作铆钉孔的主要加工方法，对要求高的铆孔还需要进行铰孔，钻孔时有如下要求：

（1）在不同厚度、不同硬度的零件上钻孔时，应按照从厚到薄、从硬到软的顺序钻孔。

（2）在边距要求不同的零件上一起钻孔时，应从边距小的一面往大的方向钻孔。

（3）按骨架上的导孔向蒙皮钻孔时，应先钻小孔，然后从蒙皮一面将孔扩大到最后尺寸。如果铆孔直径大于 4 mm 时，也应采用此法。

（4）在不开敞结构部件钻孔时，可采用弯钻头或长钻头钻孔。当以上两种方法都无法钻孔时，还可采取引孔的方法，先在长桁、框板或肋板上钻出小孔，安装蒙皮后，再用引孔器引孔或划线引孔，引出孔位后，钻孔至要求。

（5）在刚性较差的薄壁板工件上钻孔时，工件后面要用木板顶住再钻孔。

（6）在复合材料上钻孔，主要是防止钻孔中的轴向力产生层间分层和钻头钻透板料时出口处分层。为此，在复合材料上钻孔还应注意以下几点：

1）在碳纤维复合材料上钻孔时，由于碳颗粒对刀具磨损很厉害，应选用钨钴类硬质合金钻头。

2）钻孔时应采用高转速、低进给加工。一般取转速 1 200～2 000 r/min、进给量 0.02～0.10 mm/r。

3）在钻头出口面应垫支撑物，当钻头快露出出口面时，施加于钻头的轴向力要减小，以防材料孔口劈裂分层。

4）当复合材料与金属零件一起钻孔时，应优先考虑选择在复合材料一面先钻。

5）在复合材料上钻孔，应勤磨钻头，始终保持钻头切削刃处于锋利状态。

6）钻孔时，尽量不使用润滑剂和冷却剂，防止水分渗入夹层。

2. 铆钉选取

铆钉的选取包括铆钉的类型、材料、直径和长度等要素，这些要素对铆接强度有直接的影响。

选择铆钉的类型时，应考虑连接处的静强度、气动光滑性、腐蚀控制、铆接材料的种类和件在飞机上的位置等因素。铆钉的钉头类型应该由安装位置确定，对于具体的修理作业，可参照修理部位周围区域上的铆钉头类型。应遵循的一般规则为：对于要求光滑气动外形的部位，应使用埋头铆钉；在其余的大部分部位，可使用凸头铆钉；在机体内部结构，则使用平头铆钉。

铆钉材料应尽可能与被铆接件的材料相同，例如，在 2117 和 2024 铝合金制造的零部件，应分别使用 2117 - T3 和 2024 - T3 铆钉。在一般修理件上，通常使用 2117 - T3 铆钉，因为它无需热处理，柔韧性和强度可满足要求，且具有较高的耐腐蚀性能。但要注意，2024 - T3 铆钉是高强度铝合金铆钉，可用在高应力的构件上，绝不能用 2117 - T3 铆钉代替 2024 - T3 铆钉。

铆钉直径应当与铆接厚度相对应，一般取被连接板件中较厚板的 3 倍。在飞机装配和修理中，常用的铆钉直径范围是 3/32～3/8 in，但要注意，直径小于 3/32 in 的铆钉绝不能用在传递内力的任何结构件上。在飞机结构修理中，铆钉杆直径通常与损伤处相邻构件的铆钉直径相同；如果是更换旧铆钉，一般应将铆钉直径加大一级；如果受力不大或原孔完好，也可用原尺寸的铆钉。

铆钉长度是指铆钉杆的长度。对于凸头铆钉,是指铆钉头以下的杆长;对于埋头铆钉,则是指它的全长。铆钉长度必须保证能形成完整的铆钉镦头,铆钉杆过长或过短都会造成铆接废品。

3.铆钉布置

铆钉的布置包括铆钉数量的选择,补片中铆钉的铆距、边距和行距等参数的确定。对于具体机型而言,铆钉个数、边距、铆距和行距,这些参数可参考相应机型的结构修理手册。

4.铆接

普通铆接一般是利用铆枪和顶铁配合,气动冲击完成铆接。冲击铆接是飞机装配连接的一种重要方式。

铆枪的种类很多,铆枪选用要根据铆钉的材料、直径和产品结构形式的不同来进行。材料硬、直径大的铆钉应选用功率大的铆枪;根据产品结构的开敞与否,选用体积大小不同的铆枪。

顶铁是支撑铆钉或在铆枪冲击时产生反作用力,从而完成铆钉墩头成形的主要工具。顶铁形状根据铆接部位的结构特点确定,其要求是能容易接近铆钉、握持方便、不易碰伤附近零件。由于铆接结构件通路的差异,使得顶铁制造奇形怪状、大小不一。根据铆接时所使用的铆钉直径与材料、铆接方法的不同,所选用的顶把质量也不同(见表 3-2)。不论使用哪种顶铁,其质量应集中在铆钉轴线附件,否则顶铁不能发挥作用。

(1)通用顶铁:一般铆接结构通路均可使用。其特点是顶把质量能满足理论质量要求,能够保证铆接质量要求。

(2)专用顶铁:一般用于铆接结构通路不开敞部位。其特点是顶把形状满足通路要求,顶铁质量不易完全满足理论质量要求,因而铆接质量可能达不到理想要求。

表 3-2　顶把的质量计算

铆接方法	正铆法		反铆法	
铆钉材料	铝合金	钢	铝合金	钢
顶把质量/kg	$2d$	$4d$	$0.5d$	$1d$

注:d 为铆钉直径(单位:mm)。

铆窝的外形、接触铆钉部位的工作面形状和尺寸,是根据铆接结构件的构造和通路、各种不同型号的铆钉头形状、铆接方法而设计制造的。铆窝的尾杆直径、长度是根据不同型号、不同功率铆枪枪筒的直径,以及铆枪枪筒中活塞对铆窝尾杆冲击力的大小而设计的。使用时,铆窝被安装在铆枪枪筒中,活塞的冲击力传递给铆窝,通过铆窝打击铆钉,完成铆接工作。

在铆接工作中,铆钉镦头形成的好坏对铆接质量有很大的影响。具有良好塑性的铆钉杆在常温下受锤击时,杆长缩短,杆身膨胀。由于铆钉头对铆钉杆变形的牵制作用,铆钉杆尾部首先开始塑性变形;然后塑性变形范围逐渐扩大,使整个铆钉杆膨胀逐渐地挤满铆孔;最后形成铆钉镦头。在镦头形成的过程中,杆身膨胀是不均匀的,使得铆钉杆在靠近镦头位置的变形较多,而靠近铆钉头位置的变形较少。铆接时锤击铆钉的力量越大,铆钉杆变形速度越快,这种膨胀不均匀的程度就会越大,有时甚至因铆钉杆来不及塑性变形,便在镦头处出现了裂纹;

如果锤击力过小,虽然铆钉杆变形均匀,但是锤击时间较长会使铆钉杆冷作硬化而出现裂纹。因此,在铆接中锤击力既不能过猛,也不能过轻。

(1)镦头的布置。合理布置镦头,能有效地提高铆接质量。布置镦头的主要原则如下。

1)铆接较薄的铆接件时,应将铆钉头和镦头在铆接件两面交替布置,这样可以显著地减少铆接件的变形。

2)铆接不同强度的材料时,镦头应布置在材料强度较大的一面。

3)铆接厚度不等的构件时,镦头应布置在材料较厚的一面。

(2)镦头的规格。镦头需要有一定的直径与高度以保证铆接强度,若镦头过小,则会影响铆接处的强度;若镦头过大,则会增加铆接过程中的变形,容易出现裂纹。一般镦头的规格为:镦头直径 $D=1.5d$(d 为铆钉直径),镦头高度 $h=0.5d$,形状应呈鼓形。

5. 平板件的铆接

本项目为平板件的铆接练习,通过实作掌握钻铆钉孔、拆铆钉、打铆钉墩头的基本操作技能,掌握金属铆接工艺的基本操作过程,任务内容见表3-3。

表 3-3 平板件的铆接任务单

任务名称	平板件的铆接	页码:共2页/第1页		
项目	内　　容		工作者	检查者
概述	本项目针对铆接工艺的基本操作技能设置,它包括以下内容。 (1)钻铆钉孔、拆铆钉、打铆钉墩头的操作练习; (2)用划线、锉削等钳工操作技能制作修理用板件; (3)铆钉的布置与排列; (4)铆接。			
工具准备	钳工台,台虎钳,剪板机,砂轮机,台钻,空气压缩机,气铆枪,气钻,钻头,气管及气接头,夹钳,定位销,铁锤,铆钉冲,钢直尺,直角尺,毛刷,单纹锉,半圆头铆窝,顶铁,游标卡尺,彩色水性笔。			
材料准备	1.LY12 铝板:$\delta=1$ mm 2.半圆头铆钉:$\Phi3\times6.5$			
操作步骤	1. 准备工作。 要求准备所需设备、工具、材料以及场地。 2. 用气钻进行钻铆钉孔练习。操作要求如下。 (1)钻头要和钻孔工件表面垂直,保证孔的垂直度。如果手拿气钻钻孔,钻头若不与工件表面垂直,起钻时钻头容易滑位,从而划伤工件。 (2)钻孔前应对中,将钻头横刃对准划线中心,使钻出的孔与划线中心一致,保证铆钉排列整齐。 (3)起钻时应控制气钻开关为最小进给量,即得到最慢转速,以此来保证钻孔的质量,而且也不易划伤工作。			

续表

任务名称	平板件的铆接	页码:共 2 页/第 1 页

项目	内　　容	工作者	检查者
操作步骤	(4)进行钻头刃磨操作时,不能戴手套,应佩戴护目镜,在刃磨过程中应经常将钻头放入水中冷却,防止烧伤钻头刃部。 3.在旧铆接件上,进行拆除铆钉练习,直至熟练拆除铆钉且没有扩孔。用气钻在铆钉头中心钻孔,钻孔深度为不超过铆钉头端面;钻出铆钉头或用铆钉冲挑下铆钉头,用铆钉冲冲出铆钉杆,达到拆除铆钉目的(见图 3 - 43)。操作要求如下。 (1)钻孔中心与铆钉头中心一致。 (2)钻孔深度不能超出铆钉头端面。 (3)钻孔时不允许扩大铆钉孔。 4.用气铆枪在旧铆接件上,进行打铆钉墩头练习,直至能熟练打出合格的铆钉墩头。打铆钉墩头操作时可选用反铆法或正铆法,镦头形状要成鼓形。 5.制作平板铆接件。 (1)按照材料及工具清单,做好各项准备工作。 (2)按照如图 3 - 44 所示要求,计算铆接件外形尺寸。 (3)按外形尺寸剪切下料(两片),锉修周边,注意选择并制作基准,四周边应相互垂直。 (4)按要求的铆距、边距及行距布置铆钉,并划线。 (5)将两片板对齐夹紧,钻铆钉孔,钻孔时采用定位销定位。 (6)拆除定位销及夹钳,将两片板分解后去除钻孔毛刺。 (7)重新定位并夹紧,用气铆枪冲击铆钉进行铆接。 (8)检测铆钉墩头尺寸,对不符合要求的墩头均需拆除,重新打。 (9)每人制作完成 1 个工件,打铆钉时可以两人互相配合完成。 6.工作结束后,清点及归还工具,清理工作现场。		

施工日期	完工日期	完工签署

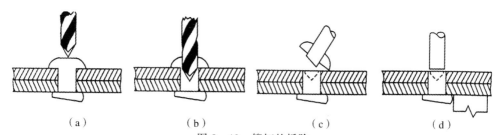

（a）　　　　　（b）　　　　　（c）　　　　　（d）

图 3 - 43　铆钉的拆除

(a)将钻头中心对准铆钉头中心;(b)在铆钉头上钻孔;

(c)用铆钉冲将铆钉头撬断;(d)锤击铆钉冲,冲出铆钉杆和墩头

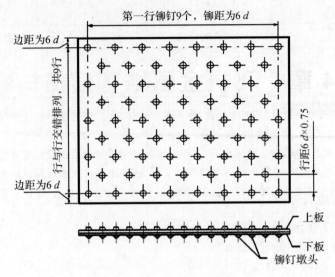

图 3-44 铆钉的排列

复习思考题

1.直升机结构的设计准则有哪些?

2.直升机结构设计思想中,损伤容限、耐久性设计的概念应该如何理解?

3.在直升机机身结构的发展中出现过哪些结构?各有什么特点?

4.简述直升机机身结构的基本构件,以及其承载特点。

5.简述直升机旋翼的结构形式,并比较其特点。

6.简述直升机全金属桨叶和复合材料桨叶的结构形式。

7.试分析旋翼桨叶的受力情况。

8.尾桨的结构形式有哪些?

9.简述尾桨的作用,并分析其受力特点。

10.与固定翼飞机相比,直升机水平安定面结构有什么不同?

11.简述直升机风挡的组成。

12.直升机机身排放的常见方法有哪些?

13.直升机的通风要求包括哪些内容?

14.什么是搭铁?有何作用?

第4章 飞机金属结构损伤与修理

随着现代航空业的飞速发展,大量民用飞机进入了维修高峰期。由于飞机本身的造价非常昂贵,相应地对飞机维护需要的费用也居高不下。无论是航空公司还是飞机维修企业都在寻找经济、快速、有效的修理方式,使飞机安全地投入到运营阶段。

在日益竞争的商业环境中,飞机停场造成的经济损失将会非常巨大,而修理方法是否便捷经济,修理效果是否良好,又决定了其能否快速恢复运营,提高飞行安全的重要因素。

4.1 飞机金属结构常见的损伤形式

飞机结构在服役期间,由于环境、腐蚀、疲劳等原因,常常发生各种形式的损伤破坏。发生损伤的结构破坏了飞机结构原有的承载能力,改变了各种力的传递路径,若不及时修理,会危及飞机的飞行安全。因此,准确地辨别和评估各种损伤至关重要,掌握各种损伤的特点、规律和评估参数,是合理制定维修方案的首要依据。

结构损伤是指构件的横截面发生了变化,或结构元件发生了永久的变形。飞机金属结构常见的损伤包括以下 11 种。

(1)凹坑(Dent)。受外来物冲击或挤压,结构表面局部区域因塑性变形而产生的凹陷。凹坑周边表面是光滑的,变形区域内材料的横截面积没有变化,只是该区域的外形发生了改变。形成凹坑以后,需对其进行修整,如果变形量没有超出允许损伤容限,只需局部整形即可;如果超出了允许损伤容限,一般需采用加强修理。

(2)折痕/皱折(Crease/Wrinkle)。结构局部区域失稳出现的材料弯折。皱折一般多出现于钣弯件,通常与凹坑一同出现。皱折的周边是锋利的折边,其等同于裂纹。

(3)磨损(Abrasion)。是指构件因磨擦、刮削等导致的表面损伤,这种破坏会使得构件的横截面材料变小。磨损通常是粗糙的,且不规则。

(4)凿伤(Gouge)。通常是由锐利的物体导致构件表面的材料缺失,形成连续的、锋利的沟槽状损伤。凿伤的特征是其长度尺寸一般大于宽度和深度尺寸,宽度尺寸大于深度尺寸。常见于使用金属工具(铲刀或螺丝刀等)铲除密封胶,或者拆除构件时导致结构表面凿伤。出现凿伤后,常会超出允许损伤范围,需要加强修理。

(5)刻痕(Nick)。局部的、带锐边的凿伤。一系列的刻痕直线排列等同于凿伤。

(6)擦伤(Scratch)。表面粗糙外来物刮擦导致结构表面出现长度、深度不等的线状损伤。其特征是长度一般远大于宽度和深度,宽度略大于深度。一般来说,擦伤大部分都不会超出允许损伤范围,只需打磨处理即可。

（7）划伤（Scribe Line）。锋利的刃具划过构件表面后，在构件表面形成一种深度、长度不等的线状损伤。其特征是宽度很窄且小于深度尺寸，一般深度不小于 0.15 mm。划伤的结构应力集中系数高，容易导致疲劳裂纹，通常需要专门评估维修措施。

（8）裂纹（Crack）。一般是由于结构承受的载荷超过设计承载能力导致的静强度断裂。通常表现为局部或全部断裂，引起明显的截面积变化，损伤区域边缘是不规则的曲线。其特征是偶然因素引起（如工作梯冲撞机身导致），开裂区域除了有明显的偶然损伤源痕迹之外，通常还伴随着凹坑、皱折、局部变形等其他形式的损伤。而由于疲劳导致的金属构件裂纹，开裂区域一般没有其他形式的损伤。结构出现裂纹后，一般都需要切割损伤区域，进行加强修理，以恢复构件原有的承载能力。

（9）腐蚀（Corrosion）。这种损伤在飞机结构中很常见，通常是由于复杂的电化学反应导致的金属横截面材料减少，多发生于构件的表面、孔口的内壁及结构的边缘，只有彻底清除腐蚀产物才能确定损伤的深度。

（10）破孔／穿孔（Hole/Puncture）。由于雷击或者外来物撞击等导致构件整个截面厚度材料缺失形成的穿孔。破孔的周边通常为尖锐的、不规则的形状。一般来说，孔径大于 8 mm 以后，都需要加强修理。

（11）失稳（Buckle）。钣弯件或者杆件在挤压或者剪切载荷作用下，整个构件突然失去稳定性导致的急剧弯折。失稳通常需要更换修理。

4.2　飞机结构损伤分类

一般来说，飞机结构在服役过程中，会发生各种形式的损伤。针对飞机结构的损伤程度的大小，飞机结构的损伤可以分为以下 3 类：

第 1 类：可允许损伤（Allowable Damage）；

第 2 类：可修理损伤（Repairable Damage），包括补片加强修理、切割加强修理等；

第 3 类：不可修理损伤（Non-Repairable Damage），损伤超出了可修理的范围，只能换件。

可允许损伤是指在一定时期内不影响飞机持续适航性、不需要加强修理或者换件的轻微损伤，是指小于结构设计裕度的损伤。一般以材料的厚度来表示，大部分飞机结构的可允许损伤不超过其厚度的 10%。允许损伤产生后，只需对其简单的处理，以阻止该种损伤的扩展，恢复原有的结构特性。

可修理损伤是指损伤导致结构承载能力低于极限载荷之下，可以通过加强修理恢复预期设计载荷能力。补片加强修理是在结构损伤处以铆接或者螺纹连接的形式搭接补片，来恢复原结构的承载能力。切割加强修理是指切除损伤区域的材料，重新插入与原构件材料厚度完全相同的镶片，并且确保每一边都与补片连接。

不可修理损伤是指损伤导致结构承载能力低于极限载荷之下，不能通过加强修理恢复预期设计载荷能力，或者是加强修理成本高于换件修理，只能更换损伤结构件。出现以下几种形式的损伤时，通常需要换件修理。

（1）一种结构复杂的构件发生了严重的损伤。

（2）该结构周边的构件也发生损伤或者是损伤的构件不可接近，无法进行修理。

（3）加强修理成本高于换件修理。

（4）接头锻件损伤超出了允许损伤。

4.3　结构修理的基本原则

由于结构修理手册不可能涵盖所有形式的结构修理,因此,本节将重点介绍结构修理及构件制作的基本原则。必须指出的是,任何单位制定的维修方案,任何一种结构修理必须合理,且符合耐久性原则。通常,所有航空器结构修理手册,均可提供该机型在一定的环境和具体的损伤形式下符合该机型设计加工原则的具体修理方案。

4.3.1　制定修理方案应遵循的基本原则

1. 强度原则

任何修理,最基本的原则都是要尽可能地恢复原有的结构强度。通常包括以下几方面。

（1）修理时,补片板材的横截面等于或略比原损伤面大一级。

（2）如果该构件承受压应力或者弯曲载荷,补片应该置于损伤面的外部,以获得较高的抗压力或弯曲载荷能力;如果补片不能放置于损伤面的外部,则补片材料的厚度选取要比原构件大一级。

（3）补片形状应该为圆形或椭圆形,以防止在拐角处产生裂纹;如果补片为长方形,则补片拐角处倒圆的半径不小于 1/2 in。

（4）更换件或者加强件的材料应与原结构件的材料相同。若使用更强的材料进行替代时,应使用相同的材料厚度,例如不锈钢材料的替代（见表 4-1）。当必须选用较弱的材料进行替代时,应使用更大的厚度以获得相同的截面强度。不能用厚度更小、强度更大的材料替换原材料;替换材料的抗拉强度可以更大一些,而不是更小的抗压强度。

下面以 2024-T4 与 7075-T6 的机械性能为例,来说明材料的替代原则（见表 4-2）。如果以铝合金 2024-T4 替代 7075-T6,则替代材料必须比原材料厚一级。这是因为大多数板材和管形件的抗失稳强度和抗扭强度依赖于材料的厚度,而不是其允许的抗压和抗剪强度。因此,当替代材料的厚度薄于原材料时,即使替代材料的抗压和抗剪强度高于原材料,也会使得原结构的抗失稳和抗扭强度大大减小。

表 4-1　不锈钢材料的替代

原材料	替代材料（厚度与原材料相同）
301 ANL	301 ANL,1/4H,1/2H,3/4H,H,302 ANL,17-7 PH ANL,180KSI
301 1/4H	301 1/4H,1/2H,3/4H,H,17-7 PH ANL,180KSI
301 1/2H	301 1/2H,3/4H,H,17-7 PH,180KSI
301 3/4H	301 3/4H,H
301 H	301 H
302 ANL	301 1/4H,1/2H,3/4H,H,302 ANL,17-7 PH ANL,180KSI
17-7 ANL	17-7 PH ANL,180KSI
17-7 180KSI	17-7 PH,180KSI

注:ANL 指退火状态;KSI 为千磅/平方英寸,1 KSI=6.895 MPa。

表 4 - 2 铝合金材料的替代

原材料/in	替代材料/in			
2024 - T3/4 或 7075 - T6	2024 - T3 包铝 替代 2024 - T4	2024 - T3 包铝 替代 7075 - T6	7075 - T6 材料替代 7075 - T6,2024 - T3/4	4130 材料替代 7075 - T6,2024 - T4
0.020	0.025	0.032	0.025	0.025
0.025	0.032	0.040	0.032	0.032
0.032	0.040	0.050	0.040	0.036
0.040	0.050	0.063	0.050	0.050
0.050	0.063	0.080	0.063	0.063
0.063	0.063	0.100	0.071	0.071
0.071	0.071	0.125	0.080	0.080
0.080	0.080	0.125	0.090	0.090
0.090	0.090	0.160	0.100	0.100
0.100	0.100	0.160	0.125	0.112
0.125	0.125	0.160	0.160	0.125

(5)在加工成型时一定要细心。热处理和冷挤压铝合金只能够承受很小的折弯半径而不出现开裂。软合金容易成型但强度太弱;硬合金在退火状态下容易成型,成型后再经热处理达到所需的强度。有些金属很难在退火状态下获得时,可依照常规的热处理工艺将其加热软化,在其硬化之前进行加工。成型应在淬火后半小时内完成,否则材料又将硬化而难以加工。如果使用折弯机进行折弯,最好在其折弯口垫上一块较软的材料,以防止折弯材料表面划伤或者刮花。

(6)修理时铆钉的选择,可参考在机翼内或者机身前紧挨的下一排铆钉数。另一种方法是选择较厚的一块材料,将其厚度乘以3,选择与得出的数值紧挨着大一级的铆钉。例如,若蒙皮厚度为 0.040 in,该厚度乘以 3 得到 0.120 in,于是选择铆钉直径为 1/8 in 的铆钉。所需铆钉的个数主要依赖于其恢复原飞机的结构强度,与被修理材料的厚度及其具体的损伤程度有关,也可参考本章节相似典型修理给出的铆钉排列及个数。

2.外形原则

所有补片的修理必须完好地恢复,并保持原有结构的外形。任何飞机的外蒙皮修理,都必须保持光滑的气动外形。

3.质量最小原则

所有修理材料的总质量尽量最小,修理的补片应尽可能小,且不超过必要的铆钉数。很多情况下,结构修理破坏了原有的结构平衡性,增加的质量难以保持原有的平衡,必须调动调整片,获取新的平衡。

4.腐蚀控制

对于飞机结构修理来说,腐蚀的控制与处理非常重要。腐蚀损伤常引起主要构件的承载能力明显减弱,破坏了整体结构的完整性。所以飞机结构修理使用的各种金属构件,都必须进行相应的腐蚀防护处理,以提高构件的寿命。

另外,经济性在结构修理时也应当考虑,因为修理本身就是一件耗时又耗钱的事情。

4.3.2　制定修理方案应满足的基本要求

制定补强修理方案时,除满足连接强度外,应遵守可靠性以及抗疲劳强度原则。

(1)尽量采用对称补强修理形式,以改善连接部位的疲劳强度。

(2)在气动敏感区域,如机翼、尾翼的前缘部位,静压口和迎角传感器附近区域,尽量采用表面镶平修理或内部贴补修理。

(3)修理蒙皮时,补强件或拼接连接件的厚度应相同。

(4)修理梁、肋或隔框时,还要考虑以下几方面。

1)梁、肋或隔框腹板上的立柱起防止腹板在低载荷下发生剪切失稳的作用;作用有集中载荷的立柱还起将集中载荷传到腹板上去的作用。立柱通常由挤压型材制成,因此在更换或修理立柱时,也应采用挤压型材。

2)修理腹板所用紧固件的类型、牌号和排列至少应与原腹板与缘条的连接相同,通常在腹板修理中采用双行紧固件。如果原腹板与缘条的连接采用单行紧固件连接,修理腹板时,也可以采用单行紧固件连接。

3)当原腹板为 2024－T3 铝合金时,采用 2024－T3 包铝铝合金板材修理时,厚度应加大 1 级;当原腹板为 7075－T6 铝合金时,采用 7075－T6 包铝铝合金板材修理时,厚度也加大 1 级。

4)修理双层黏合腹板时,可用厚度比两层总厚度稍大的单层板修理。

5)尽可能将补强件或切割处的搭接件连接到缘条或立柱上。

(5)对机械性能经过改良的铝合金材料,例如 2224 挤压型材、2324 板材、7150 板材和挤压型材,修理时如果采用 2024－T3 或 7075－T6 材料替换这些新材料,应将构件横截面面积或厚度加大 8％～14％。

(6)尽量采用与损伤构件相同的材料制作补强或拼接连接件。如果因为某种原因需要采用不同的材料,应选择手册许可的代用品,也可参照表 4－1 选用代用品。

(7)因结构空间限制,采用合金钢或不锈钢修理铝合金构件时,补强件或拼接连接件厚度可为铝合金构件厚度的 1/3 再稍微厚一些。当用 301－1/4H 不锈钢修理 2024 铝合金构件时,其厚度为原构件厚度的 0.71 倍;当用 301－1/2H 不锈钢修理 2024 铝合金构件时,其厚度为原构件厚度的 0.56 倍。不能用不锈钢修理 7075－T6 铝合金构件,因为这种铝合金构件在大多数情况下是受压的。采用合金钢或不锈钢制定的修理方案,应得到航空器制造厂家认可和适航当局批准。

(8)当损伤涉及多个构件时,应采用分别补强的修理方案;如果采用切割法修理,各构件不应在同一位置切割。这样可以降低"硬点效应"。

(9)当桁条或缘条存在裂纹损伤时,通常采用消除裂纹的挖补或切割修补形式。对于蒙皮或腹板构件的裂纹损伤,也最好采用挖补修理。

(10)不应过分加强修理区,否则会使其成为过硬区,导致结构内力分配产生明显变化。这种内力分配的变化一般会使修理区和非修理区交界处的应力水平提高,从而降低该部位的耐久性。因此,从疲劳角度考虑,补强件或对接连接板不应过多地加厚,否则会明显降低修理区域的疲劳强度。试验表明,若原板厚度为 0.036 in,补强板厚度为 0.04 in,相对疲劳寿命为 1,若将补强板厚度增加到 0.072 in,相对疲劳寿命则为 0.65,寿命降低了 35%。

(10)对于疲劳问题比较严重的结构部位,通常要采用强化措施,提高疲劳强度。

(11)拐角处最小要有 0.5 in 的圆角半径。

(12)连接厚度 0.08 in 或以上的结构件时,使用钢紧固件(例如 Hi - Lok 螺栓),而不使用铝紧固件。

4.3.3 航空器结构修理中紧固件类型的选取

1. 按材料的厚度选取

(1)对于厚度小于 0.08 in 的构件,可采用相同类型、相同尺寸的紧固件进行修理。

(2)对于厚度大于或等于 0.08 in 的构件:如果原紧固件是铆钉,则修理时使用比原铆钉直径大于 1/32 in 的 Hi - Lok 螺栓;如果原紧固件是 Hi - Lok 螺栓,则修理时使用比原螺栓直径大于 1/64 in 的 Hi - Lok 螺栓。

2. 根据以下准则选取紧固件

(1)可以选用与周围部位相同的紧固件类型和牌号。

(2)当需要传递较高的拉伸或剪切载荷时,通常采用螺栓类紧固件(包括 Hi - Lok 螺栓和高锁螺栓)。

(3)当传递较低的分布剪切载荷时,一般选用普通实芯铆钉。

(4)当做临时性修理时,如果只能接近结构的一侧,并且所需传递的载荷较低,可考虑采用拉铆钉。当用拉铆钉替换实芯铆钉时,如果采用摩擦锁紧式拉铆钉,它的尺寸应比相应实芯铆钉的尺寸大 1 级;如果采用机械锁紧式拉铆钉,则尺寸相同。

(5)当被连接构件均为合金钢件时,应采用钢紧固件。

(6)在同一部位或同一行中的紧固件,其类型和尺寸最好一致。

(7)要考虑温度环境和腐蚀环境等方面的影响。

3. 选用螺栓时应注意的几方面

(1)根据受力状态及大小选用螺栓。例如,当螺栓主要承受拉伸载荷时,选用抗拉螺栓和螺帽;当螺栓主要承受剪切载荷时,选用抗剪螺栓和螺帽,抗剪螺栓和螺帽不能承受高的拉伸载荷。另外,选用螺栓时还应考虑螺栓承受的载荷是集中载荷还是分散载荷,是动载荷还是静载荷等因素。

(2)镀镉螺栓和螺钉不能用于超过 450 °F[①]的地方。

(3)螺栓与孔的接触面处应无螺纹,否则易在孔边产生疲劳裂纹;螺栓露出螺帽的螺纹至少 3~5 圈。

(4)安装有干涉配合的螺栓时,干涉量一般在 0.002~0.004 in 之间。

(5)对承受高拉伸载荷的螺栓,装配时应在螺栓头下面和螺帽上面放垫圈。

(6)作为主要承力结构的连接,不要使用直径小于 0.25 in 的螺栓和直径小于 3/16 in 的

---

① 1 °F = 32 ℃ + (1×1.8)℃。

Hi－Lok 紧固件,因为它们易产生拉伸屈服。

(7)在航空器结构修理过程中,是采用对孔刷镀恢复孔的原来尺寸,还是加大紧固件直径,由实际情况确定。

(8)当需要借用原螺栓孔时,一般应扩孔,将螺栓直径加大 1 级。

(9)在连接施工过程中,还要注意的问题有。

1)一定要按规定的拧紧力矩值拧紧螺栓。

2)承受高载荷螺栓的螺帽应有保险措施,比如安装开口销、保险片或打保险丝。目前,波音飞机上多采用自锁螺帽。主要承受并传递动载荷的螺栓、螺帽,特别是承受高动载荷的螺栓、螺帽,一定要有保险措施,并要按结构修理手册或维护手册的要求操作。

4.铆钉的选择

通常,铆钉的选择依据原结构中所使用的铆钉参数,即铆钉的大小、头型、材料与原结构中的铆钉完全相同。如果铆钉孔已经扩大或者变形,选大一级的铆钉。当选择大一级的铆钉时,要确保边距合理。当维修构件的内部无法接近时,可考虑使用拉铆钉来修理,并参阅维修手册来选择拉铆钉的类型、尺寸、间距和所需数量。

5.铆钉的排列

铆钉的排列方式,应参照机型维修手册的说明。如果机型维修手册中没有具体的排列方案,可参照以下说明。

铆钉的排列,通常都是以实芯铆钉的直径为基础来定义的,所以应先确定铆钉直径的选取方式。可以选择与原铆钉相同的铆钉直径,也可以参照技术手册给出的铆钉直径,还可以根据连接件的厚度选择铆钉直径。铆钉直径的选取与被连接件的最小厚度有关,不能小于被连接件总厚度之和,一般取板厚的 1.8 倍。铆接时,若铆钉直径过大,镦头成形困难,容易使板料变形;若铆钉直径过小,铆钉承载能力太弱,容易被剪切而断裂。

铆钉排列的主要参数有边距、铆距和行距。

(1)边距(Edge Distance,ED)。边距是指铆钉中心与材料边缘的距离,如图 4－1 所示。对于通用头型的铆钉来说,推荐的边距值是 2.5 倍的铆钉直径。对于沉头铆钉来说,划窝法形成铆钉窝的边距推荐为铆钉直径的 3 倍,冲窝法形成铆钉窝的边距推荐为铆钉直径的 2.5 倍。边距太小,构件容易被铆钉挤压开裂;边距太大,构件边缘的气动力容易使构件之间的间隙增大,易暗藏脏物和水汽,使构件发生腐蚀,如图 4－2 所示。

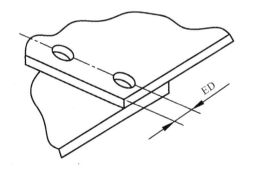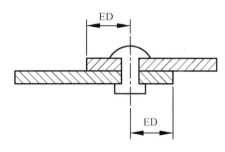

图 4－1 边距

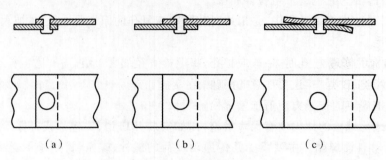

图 4-2 合适的边距

(a)边距太小;(b)边距合适;(c)边距太大

(2)铆距(Rivet Pitch)。铆距是指相同行中相邻两个铆钉中心之间的距离,如图 4-3 所示。铆距的范围是$(3\sim10)\times D$,其中 D 为铆钉直径。维修中铆距选取一般为$(4\sim8)\times D$。在主要结构修理中,推荐铆距为$(4\sim6)\times D$;其他结构的铆距为$(6\sim8)\times D$。

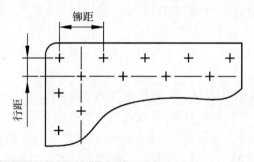

图 4-3 铆距

(3)行距(Transverse Pitch)。行距是指相邻两行铆钉中心之间的距离,如图 4-4 所示。行距小于或等于铆距,通常推荐行距为$(4\sim6)\times D$,其中 D 为铆钉直径。

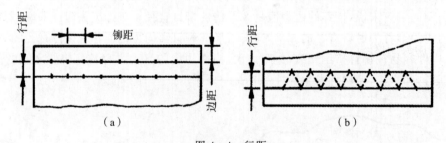

图 4-4 行距

(a)平行排列;(b)交错排列

6.防腐处理

所有修理件加工完成后,在铆接之前,所有修理的金属构件都必须依照维修手册,完成表面防腐处理以及相关的密封处理。

7.铆接

铆接时需确保铆钉的墩头高度合理,铆接后应清理、清洁修理现场。

另外,如果手册或操作规范中没有特别说明时,所有的测量和修理的公差均为 1/64 in。

4.4　航空器结构修理分类

航空器结构的修理分类,是根据结构损伤容限的评估结果是否需要附加检查为标准进行划分,它分为 A 类、B 类、C 类三种修理类型。在实施修理时,由于维修时间、航材等原因,修理又可分为永久性修理(包括 A 类和 B 类)和临时性修理(C 类)两大类。

1. A 类修理

A 类修理是指经过损伤容限评估确认,修理后的损伤区域能够满足结构修理区域检查要求的永久性结构修理。其特点为如下。

(1)A 类修理满足静强度、耐久性要求。

(2)A 类修理后的结构仍然保持原有的损伤容限特性,符合维护计划文件(Maintenance Planning Document,MPD)的检查要求。

(3)A 类修理后的检查要求与原来的检查要求相同,不需要附加检查及重新修理。

2. B 类修理

B 类修理是指经过损伤容限评估确认,修理后的损伤区域不能满足结构修理区域检查要求,需要在一定期限后重复检查的永久性修理。其特点如下。

(1)B 类修理满足静强度、耐久性要求。

(2)B 类修理在超过规定的飞行循环门槛值后,要求进行附加检查,以确保结构修理持续适航性的永久性修理。

(3)B 类修理改变了原结构的损伤容限特性,使 MPD 的检查要求不能满足修理后结构的检查要求,需要附加检查,不需要重新修理(或修理升级)。

(4)B 类修理要求在每项修理完成之后,确定开始进行结构修理附加检查的门槛时间和重复间隔时间。

(5)B 类修理的门槛值一般等于 75% 的飞机设计寿命(Design Service Objective,DSO)。DSO 是指飞机主要结构在高置信度和可靠度前提下,不产生疲劳裂纹的总飞行起落数。如果 SRM 中结构的典型修理方案为 B 类修理,一般会在相应的修理方案中注明。

3. C 类修理

C 类修理是指经过损伤容限评估确认,修理后的损伤区域不能满足结构修理区域检查要求,且结构修理耐久性也不能满足要求,需要在一定期限后进行附加检查并在一定期限(最终修理期限)内升级为 A 类修理或者 B 类修理的临时性修理。其特点为:

(1)C 类修理是一种仅满足静强度,不满足耐久性或气动光滑性要求的临时性修理。

(2)C 类修理在超过规定的飞行循环门槛值后,要求进行附加检查。

(3)C 类修理改变了原结构的损伤容限特性,使 MPD 的检查要求不能满足修理后结构的检查要求,需要附加检查,需要重新修理(或修理升级)。

(4)C 类修理所要求进行的结构附加检查通常比 B 类修理更为严格。

(5)C 类修理在达到规定期限后,要求重新修理,或更换成 A 类或者 B 类结构修理。

(6)C 类修理附加检查是由于结构修理改变了结构损伤修理区域原有的检查特性,需要改变现有结构维护方案的相关结构检查以满足结构持续适航性要求。

4.5　典型结构修理

飞机在设计时,其结构组件应承受一定的载荷或者承担某种具体的功能,所以在结构修理中,首要目的是恢复原结构的承载能力。换件当然是一种最有效可靠的方法,但在很多情况下,换件的操作性和经济性并不好,因此通常需要对结构件进行修理。

当对已损伤的结构件进行修理时,一定要仔细分析该构件的功能及承载状态。其中,强度是结构修理首要考虑的因素,当然,其他功能因素也应当考虑。例如燃油箱、浮子和外壳等结构一定要保证不渗漏,包皮和整流罩等构件则必须保证其气动载荷的流线型。也就是说,在结构修理之前,一定要弄清楚该损伤构件的具体功能。

4.5.1　蒙皮的典型修理

飞机蒙皮的主要作用是构成飞机的外形轮廓,保持飞机的良好气动性能,承受和传递载荷。飞机蒙皮损伤后,会影响飞行性能,损伤部位会导致蒙皮的强度降低,承载能力下降,危及飞行安全。因此,要及时修理飞机蒙皮上的各类损伤。

4.5.1.1　镶平修理形式

飞机增压舱等属于气动敏感区域,蒙皮损伤通常采用补片镶平切割加强的修理方法。

1.圆形补片镶平修理

在构件承载状态不是很确定的情况下,圆形镶平补片是最理想的补片形式。通常,可采用如图 4－5 所示的修理方式。

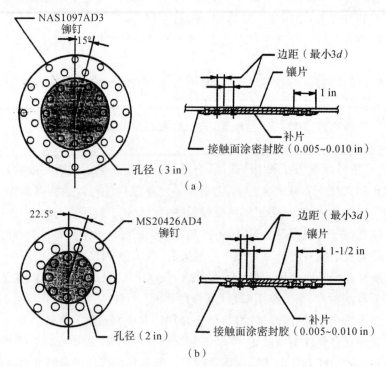

图 4－5　圆形补片的镶平修理

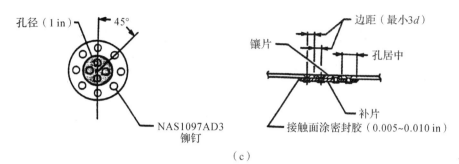

（c）

续图 4-5　圆形补片的镶平修理

（a）孔径为 3 in 的补片修理；（b）孔径为 2 in 的补片修理；（c）孔径为 1 in 的补片修理

2.矩形补片镶平修理

镶平补片除了圆形外，还可采用如图 4-6 所示带圆角矩形补片的镶平修理。

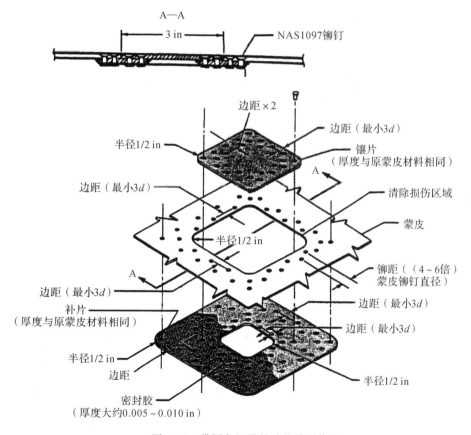

图 4-6　带圆角矩形补片的镶平修理

在补片镶平的修理方法中，镶片嵌入蒙皮的原损伤区域，与内侧的补片铆接在一起，来传递和承受载荷，恢复原结构的强度。补片镶平修理的施工步骤如下。

（1）根据蒙皮的损坏情况，确定切割范围。蒙皮损伤应切割成圆形、长圆形、矩形等规则形状，其直线部分应与内部构架平行，并保持一定距离以便于铆接。

（2）切割损伤部位。切割时，要防止损伤内部构件。

（3）制作镶片和补片。镶片、补片材料应与原蒙皮的材料类型、热处理状态相同，厚度相同或加大一级；如果必须采用替代材料，可参照表4-1和表4-2选用。选用与原结构相同类型、直径的铆钉，并且要有足够数量的铆钉来恢复损伤区域的强度。修理时最少需要两排铆钉，铆距为（4～8）倍的铆钉直径。

（4）钻孔铆接。铆接时，先铆补片，再铆镶片。

4.5.1.2 贴补修理形式

对于飞机非气动力敏感区的蒙皮损伤，可采用如图4-7所示外部贴补加强的修理方法。这种修理形式通常用在蒙皮气动光滑性要求不高的部位。

贴补修理方法的施工步骤与补片镶平修理方法基本相同。外贴补片的棱边需要倒角45°，通常使用凸头铆钉完成铆接。

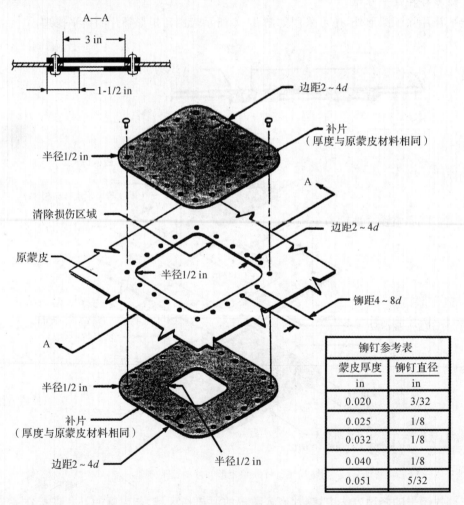

铆钉参考表	
蒙皮厚度	铆钉直径
in	in
0.020	3/32
0.025	1/8
0.032	1/8
0.040	1/8
0.051	5/32

图4-7 贴补加强修理

4.5.1.3 机翼前缘蒙皮的修理

机翼前缘蒙皮损伤的修理方法与蒙皮常用的修理方法基本相同。由于机翼前缘是气动力特别敏感区域，对光滑性要求较高，通常采用挖补镶平修理。补片形式视蒙皮损伤形状和结构情况而定,一般采用圆形补片或矩形补片。

1. 圆形镶平补片

损伤区域的面积较小,一般直径小于 1.5 in,可采用圆形镶平补片,其结构形式如图 4 - 8(a)所示。对于外部开放区域,这种修理比较简单。对于非开放区域,可以选用拉铆钉来代替普通铆钉进行铆接,同时补片从损伤面积切割区域塞入里面,完成铆接。

2. 矩形镶平补片

机翼前缘的损伤区域大于 1.5 in,可采用矩形镶平补片,其典型结构形式如图 4 - 8(b)所示。图 4 - 8 中,补强件的材料与原蒙皮相同,但厚度一般比原蒙皮加厚 1 级到 2 级;镶平补片与原蒙皮同材料、同厚度。

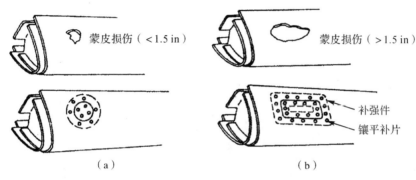

图 4 - 8　机翼前缘蒙皮修理

(a)圆形镶片;(b)矩形镶片

4.5.2　桁条的典型修理

4.5.2.1　机翼前缘桁条的修理

桁条构件较长时,可将损伤区域切割后,再进行接补修理。

(1)损伤部位的切割。损伤部分的切割线应与构件垂直,并用锉刀将切口端头整修平齐,如图 4 - 9 所示。注意:切割时要在桁条和蒙皮之间插入衬条,以免切割时损伤蒙皮内表面。

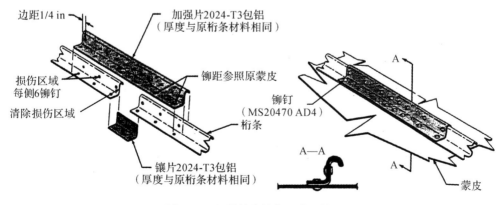

图 4 - 9　机翼前缘桁条的典型修理

（2）制作镶片和加强片。先制作同材料、同厚度的镶片，镶片两端与原桁条切口的间隙为 1/32～1/64 in；再制作宽度与桁条缘边相同的加强片。

（3）完成铆接，将原桁条、镶件、加强片铆接在一起。

4.5.2.2　机身桁条的修理

当桁条局部损伤面积较大（损伤超过缘条宽度的 2/3）时，应采用局部切割修理。

1. 机身非增压舱桁条的切割修理

（1）损伤部位的切割。将损伤区铆钉拆除，损伤部分的切割线应与构件垂直，并用锉刀将切口端头整修平齐，如图 4 - 10 所示。**注意：**切割时要在桁条和蒙皮之间插入衬条，以免切割时损伤蒙皮内表面。

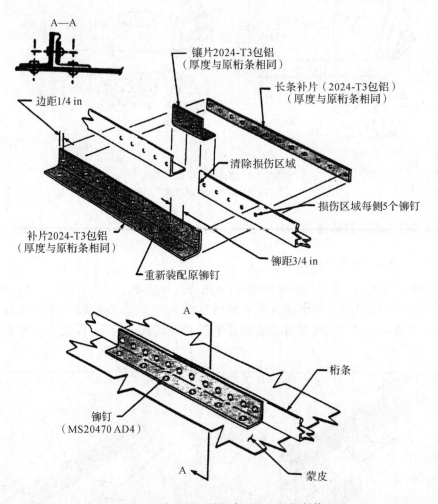

图 4 - 10　机身非增压舱桁条（L 型）的切割修理

（2）制作镶片。用同材料牌号、同厚度的角型材制作镶片，镶片两端与原桁条的间隙为 1/32～1/64 in。

（3）制作补强片。如果补强片与原桁条厚度相同，则可用相同材料的板材折弯，制成图 4 - 10 中的角形补片。补强片长度和铆钉数应根据计算确定。

（4）完成铆接。将原桁条、镶件和两补片铆接在一起。

2．机身增压舱桁条的切割修理

机身增压舱 T 型桁条补强片的形状如图 4－11 所示，切割修理的方式及步骤与 L 型桁条的修理方法相同。

对于其他类型型材的桁条，修理方法也基本相同。

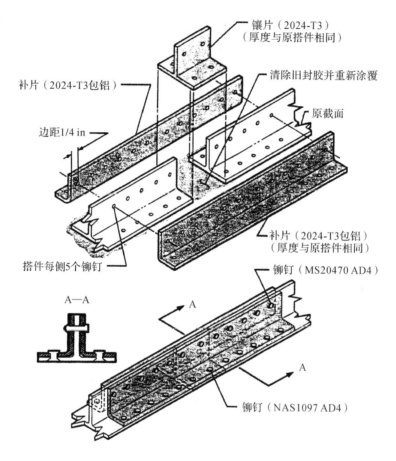

图 4－11　机身增压舱桁条（T 型）的切割修理

4.5.3　钣弯纵梁的典型修理

纵梁是最基本的纵向元件，其质量较轻，功能与桁条相似。但是其大小不同于桁条，是机身结构纵向连续的结构部件。纵梁有钣弯成型件和挤压型材件。纵梁钣弯件的修理如图 4－12 所示，挤压型材的修理与挤压桁条相同。

翼梁、翼肋、框缘条与立柱的修补形式类同于桁条的修理。

4.5.4　加强框的典型修理形式

加强框是机身结构的重要元件，其承受集中压应力载荷。最常见的加强框是由带曲度的型材和腹板组成的，也包括一些加强立柱等，也有的是带曲度的锻件。大部分加强框是铝合金，也有在高温区域使用不锈钢材质做成加强框。加强框的典型修理如图 4－13 所示。

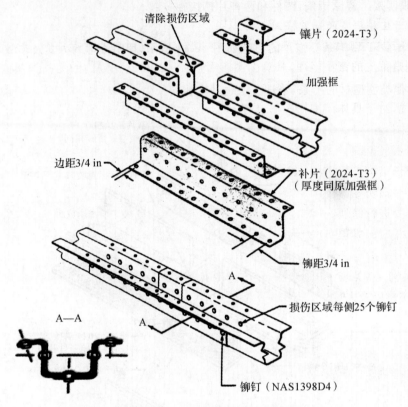

图 4-12　钣弯纵梁的典型修理

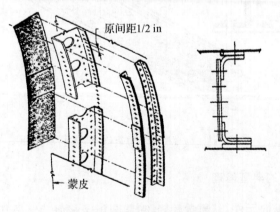

图 4-13　加强框的典型修理

4.6　维修工单

　　蒙皮是飞机暴露在空气中最外面的结构部件,飞机在服役过程中,由于过载或非正常使用、维护等原因,可能使飞机蒙皮产生变形、裂纹或破孔等损伤。飞机蒙皮损伤后,不仅破坏飞机的良好气动性能,还会使损伤部位的蒙皮强度降低,承载能力下降,危及飞行安全。桁条是机身骨架中重要的受力元件,桁条损伤后,将降低机身的结构强度和稳定性。蒙皮及桁条的修理为结构修理工作的重要内容,因此掌握蒙皮、桁条的修理技术,是飞机维修人员必须掌握的基本技能。

为此分别选取蒙皮结构、桁条结构,借鉴典型金属结构修理的方案原则,进行下述两项维修任务,分别是蒙皮的镶平修理,修理方案参考图 4 - 7;长桁(型材)的切割加强修理,修理方案参考图 4 - 9。

一般来说,对于具体结构损伤的修理方法,其基本步骤如下:

(1)确定损伤部位。

(2)确定损伤范围。

(3)对损伤结构进行损伤容限和剩余强度分析,根据分析结果决定:1)不修理,继续使用;2)进行修理;3)损伤零件报废,更换新件。

(4)对需要进行修理的零件,根据现场设备、人员技术等条件确定修理方法。

(5)完成相应的修理工作。

(6)对修理后的零件进行评定。

下述维修任务(见表 4 - 3 和表 4 - 4)的具体步骤包含了以上内容,在执行过程中可以依据现场工具和航材以及人员情况,实施具体操作。

表 4 - 3 蒙皮的镶平修理任务单

任务名称	蒙皮的镶平修理	页码:共 1 页/第 1 页	
项目	内　容	工作者	检查者
操作步骤	1.准备工作 (1)材料准备:铝板(2024 - T3 包铝)一块。 (2)沉头铆钉(NAS1097 AD4):$d = 1/8$ in。 (3)查阅相关机型手册,查找增压舱应力蒙皮损伤典型修理方案。 2.蒙皮修理 (1)对蒙皮的损伤进行切除,用钻头开孔,或在钻孔时结合气动锯开孔,切除区域为带圆角的正方形,尺寸为 3 in×3 in,圆角半径为 1/2 in,如图 4 - 14 所示。 (2)根据蒙皮损伤的尺寸,制作镶片。 (3)选择并确定铆钉排列形式,确定铆距、边距。 (4)根据图示装配关系,计算补片尺寸并制作补片。 (5)布置铆钉,并分别在镶片和蒙皮上划线。 (6)将蒙皮、镶片、补片一起装配定位。选择合适的钻头、正确的气压钻孔,确保钻孔质量。 (7)在蒙皮和镶片上,对钻孔位置正确锪窝。 (8)分解镶片、补片,去除铆孔边、棱边毛刺,清理铝屑。 (9)在补片上均匀涂覆密封胶,确保密封胶均匀,厚度为 0.005~0.010 in。 (10)装夹补片与蒙皮,铆接,确保周边对缝均匀。 (11)装夹镶片后铆接(见图 4 - 15),避免铆接形成应力使构件变形。 (12)检查铆接镦头的尺寸和形状是否符合规定要求。 3.结束工作		

续表

任务名称	蒙皮的镶平修理		页码:共1页/第1页	
项目	内　容		工作者	检查者
	(1)清点工具、设备。 (2)清洁、整理工作现场。			
施工日期		完工日期	完工签署	

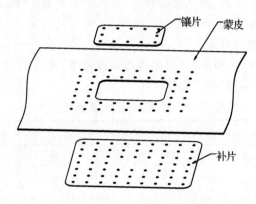

图 4-14　镶片与补片的外形图

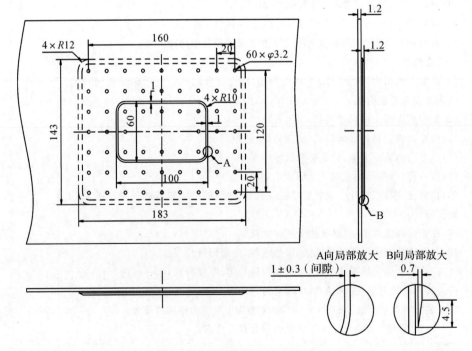

图 4-15　铆接后的工件外形图

表 4-4　长桁(型材)的切割加强修理任务单

任务名称	长桁(型材)的切割加强修理		页码:共 1 页/第 1 页	
项目	内　　容		工作者	检查者
操作步骤	1.准备工作 (1)材料准备:铝板(LY12)一块,厚度 $T=1.0$ mm。 (2)查阅相关机型手册,查找机翼前缘桁条修理方案。 (3)审图,读懂如图 4-16 所示的构件形状、尺寸、相互之间的装配关系。 2.制作桁条 (1)根据图中的相关尺寸,计算桁条钣弯件的展开尺寸。 (2)按开料尺寸剪切蒙皮、桁条材料。 (3)正确折弯桁条,确保达到需要的尺寸和形状。 (4)在蒙皮上布置铆钉。 (5)装配蒙皮与桁条,选择正确的钻头,钻孔。 (6)分解去除铆孔边、棱边毛刺、清理铝屑。 (7)在蒙皮上,对钻孔位置正确锪窝。 (8)重新装夹蒙皮与桁条,铆接。 (9)检查铆接镦头的尺寸和形状是否符合规定要求。 3.桁条切割修理 (1)切除桁条中间的部分,具体尺寸参照图 4-16。 (2)拆除相关的铆钉。 (3)用相同的材料,制作桁条中间镶片。 (4)计算尺寸,正确折弯桁条内侧衬片。 (5)装配蒙皮、桁条、镶片和内侧衬片,选择正确的钻头,引孔。 (6)并扩孔至所需要的尺寸。 (7)分解去除铆孔边、棱边毛刺以及清理铝屑。 (8)重新装夹桁条与蒙皮,铆接。 (9)铆接镦头的尺寸和形状应符合规定要求。 4.结束工作 (1)清点工具和设备。 (2)清洁和整理工作现场。			
施工日期		完工日期	完工签署	

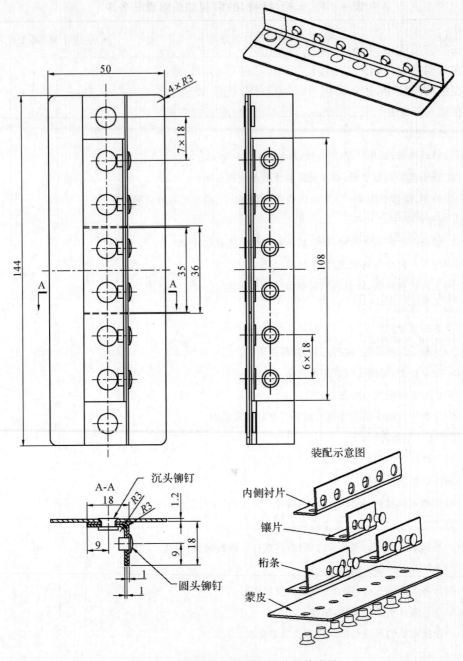

图 4-16 桁条的切割修理尺寸及外形图

复习思考题

1.在飞机金属结构构件中,常见的结构损伤有哪些?

2.飞机结构的损伤类型有哪几种?

3.飞机结构修理的基本原则有哪些?

4.简述在制定飞机结构修理方案时应满足的基本要求。

5.在结构修理中,补强件或者替换件的材料及其厚度应该如何选取?

6.在结构修理中,拐角处的圆角半径最小为多少?

7.在结构修理中,什么情况下选择实芯铆钉?什么情况下选择螺栓?

8.在结构修理中,什么时候可以用拉铆钉代替实芯铆钉?尺寸怎么选择?

9.在结构修理中,当选用螺栓连接时,应注意哪些方面?

10.在结构修理中,安装有干涉配合的螺栓时,干涉量取值范围是多少?

11.当选用螺栓连接时,对于主要的承力结构,螺栓的直径如何选择?

12.在铆钉的选择中,应考虑哪几方面的参数?

13.什么是边距?边距一般怎么选取?

14.什么是铆距?铆距一般怎么选取?

15.什么是行距?通常推荐的行距是多少?

16.根据损伤容限评估的结果,结构修理一般分为哪几类?并比较其特点。

17.在结构修理中,首先考虑的因素是什么?

18.在结构修理中,蒙皮修理的要求和基本方法有哪些?

19.对于气动敏感区域,蒙皮修理应该采用哪种修理形式?并简述其施工步骤。

20.简述机翼前缘桁条的典型修理步骤。

第5章 飞机复合材料结构损伤与修理

5.1 典型先进复合材料

由于复合材料具有较高的比强度和耐腐蚀性，因此已被广泛应用在现代飞机结构上，大多数复合材料能够黏结在一起而不需要铆钉和螺钉，从而减轻了飞机的质量。航空企业越来越喜欢使用复合材料进行结构设计和制造，越来越多的传统金属部件将被复合材料所取代。

目前在大型民用飞机上，复合材料已被用于制作整流罩、雷达罩、起落架舱门、扰流板、襟翼、副翼、升降舵、方向舵等机体结构，以及客舱的地板、装饰面板和盥洗室结构、货舱侧壁板和顶板等内部结构件。

直升机从20世纪世纪50年代开始使用玻璃纤维，20世纪60年代中期研制成功了复合材料桨叶。现代直升机结构构成一般由30%芳纶纤维（Kevlar）、30%碳纤维和5%玻璃纤维，加上铝合金、钢、玻璃、塑料、泡沫和胶组成。在直升机上，使用复合材料的舱门关闭时接合良好，两块风挡玻璃之间的窗框有些也是由碳纤维预浸树脂制造。燃油箱安装在抗坠毁的蜂窝结构内，发动机平台采用蜂窝式结构。发动机防火墙使用一种比环氧树脂更耐高温的树脂，它能承受1 090 ℃高温15 min。目前，大部分直升机的桨叶都采用复合材料。

5.1.1 复合材料的定义和种类

1. 复合材料的定义

国际标准化组织（ISO）将复合材料定义为：两种或两种以上物理和化学性质不同的物质组合而成的一种多相固体材料。

复合材料通常由基体材料（例如树脂、金属）和增强材料（例如玻璃、芳纶和碳纤维）两大组分构成（见图5-1），各组分之间具有明显的界面。复合材料与一般材料的简单混合有本质区别，既保留原组成材料的重要特色，又通过复合效应获得原组分所不具备的性能。可以通过材料设计使原组分的性能相互补充并彼此关联，从而获得更优越的性能。例如纤维增强复合材料，就是由拉伸强度和弹性模量均很高、但比较脆的纤维，分散到拉伸强度和弹性模量均较低、但韧性较高的树脂基体中得到。

复合材料将由宏观复合形式向微观（细观）复合形式发展，包括原位生长复合材料、纳米复合材料和分子复合材料等。

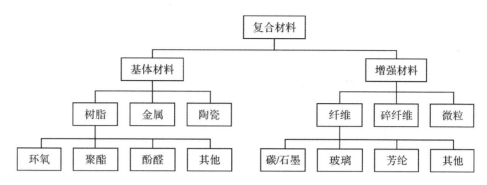

图 5 - 1　先进复合材料的种类

2.复合材料的基本结构模式

复合材料由基体和增强相两个组分构成。复合材料结构中,通常一个相为连续相,称为基体;而另一相是以独立的形态分布在整个基体中的分散相,这种分散相的性能优越,会使材料的性能显著改善和增强,称为增强相(或增强剂、增强体)。增强相可以是纤维状、颗粒状或弥散状,一般较基体硬,强度、模量较基体大,或具有其他特性,并与基体之间存在着明显界面。

复合材料的种类按分类方法的不同而异,见表 5 - 1。

表 5 - 1　复合材料的种类

分类方法	名　称	说　明
按分散相材料形状	颗粒增强复合材料	分散相为微小的颗粒构成
	纤维增强复合材料	分散相是直径近于晶体大小的纤维构成
按纤维长短	长纤维(连续)增强复合材料	作为分散相材料的纤维,一般来说,每根纤维的两个端点都在材料制成构件的边界处
	短纤维(非连续)增强复合材料	短小的纤维无规则地分散于基体相材料中
按基体相材料	金属基复合材料	基体相材料为金属,依据金属材料的不同种类,分为铝基复合材料、镁基复合材料等
	非金属基复合材料	基体相材料为非金属,依据非金属材料的不同种类,分为塑料基复合材料、陶瓷基复合材料、橡胶基复合材料等
按应用情况	工程复合材料	通常指在工程上已广泛应用的复合材料,像玻璃纤维增强材料
	先进复合材料	像碳、硼、芳纶等纤维增强的复合材料,其比强度、比模量较大
	混杂复合材料	由两种或两种以上的纤维混合构成
按结构形式	层合结构复合材料	由纤维织物布用铺叠方法制成
	缠绕结构复合材料	由纤维粗纱缠绕或纤维织物布带卷绕等方法制成

3.复合材料的特性

复合材料通常是由高强度、高弹性模量以及脆性大的纤维增强材料和低强度、低弹性模量以及韧性好的基体材料组成的。与常规金属材料不同,它是一种各向异性体,因此具有与金属材料不同的许多特性。

(1)比强度和比模量高。比强度和比模量是衡量材料承载能力的重要指标,复合材料与金属材料相比,具有高的比强度和比模量。因此在飞机上采用复合材料,可以减轻飞机质量,一般来说,用复合材料结构代替铝合金结构,可以减轻20%或更多的质量。

(2)具有可设计性。由于复合材料的性能除了取决于纤维和基体本身的性能外,在很大程度上还取决于纤维的含量和铺层方式。因此可以根据各方面的实际需要,对复合材料本身进行优化设计。

(3)抗疲劳性能好。复合材料的疲劳断裂是从基体开始,逐渐扩展到纤维和基体的界面上,不会有突发性的变化。因此复合材料在破坏前有预兆,可以检查和补救。

(4)抗振性能好。机构的固有频率与材料比模量的平方根成正比。由于复合材料的比模量比较高,所以复合材料结构的固有频率较高,与干扰力的频率相差较远,因此复合材料结构一般不会发生共振;另外,复合材料的纤维和基体的界面具有减振能力,它的振动阻尼很高。因此,复合材料结构的抗振性能明显优于金属结构。

(5)耐高温性能好。普通铝合金在400 ℃时,弹性模量大幅度下降,而且强度也显著下降。但是,用碳纤维增强的铝合金基复合材料,能在400 ℃高温下长期工作,力学性能保持稳定。

(6)破损安全性好。纤维增强复合材料中有大量独立的纤维,存在多传力路线,当构件有少量纤维断裂时,其载荷会通过基体传到其他没有断裂的纤维上。

(7)稳定的力学特性。在达到失效点之前,复合材料表现出类似脆性材料的特性,它们的应力-应变关系是一直线。复合材料的力学特性对比见表 5-2。

表 5-2 常见材料的力学特性

材料	强度	刚度	密度	比强度	比刚度
	KSI	KSI	lb/in³	10³ in	10⁶ in
钢,17-4PH	180	28.5	0.28	643	102
钢,4340M	280	29	0.283	989	102
铝合金,2024-T3	65	10.5	0.101	643	104
铝合金,7075-T6	80	10.3	0.101	792	102
钛合金,Ti-4Al-4V	135	16	0.16	844	100
E 玻璃纤维	500	10.5	0.094	5 319	112
碳纤维,BMS 9-8	450	32	0.063	7 134	508
碳纤维,BMS 9-17	700	38	0.063	11 111	603
石墨纤维	300	100	0.071	4 225	1 408
KEVLAR 49	400	18	0.052	7 692	346
硼纤维	500	57	0.09	5 556	633
木材	8.4	1.8	0.025	336	72

注:lb/in³ 是指英镑/立方英寸,1 lb/in³ = 27 679.9 kg/m³。

5.1.2　纤维增强材料

玻璃纤维复合材料,又称玻璃钢,是首先应用于飞机上的复合材料。它能被无线电波和雷达波穿过,制造上又易于成型复杂的外形,所以最先用于制作雷达罩和无线电天线罩。

为了提高复合材料的性能,研制和开发了许多新型的纤维和晶须材料,用它们作为增强相的复合材料称为先进复合材料或第二代复合材料。碳纤维复合材料是典型代表。1968 年,美国杜邦公司研制了型号为 Kevlar 的芳纶纤维,这是一种韧性好、弹性模量高、密度小、且易于同树脂亲和的有机纤维。Kevlar 可用于整流罩、发动机包皮、隔音板、地板、侧板、座椅、行李舱托架、顶棚等。混杂复合材料也是复合材料发展的方向之一,这种复合材料采用两种或两种以上的纤维作为增强材料,使制成的产品性能更优良。

目前,大型民用飞机上采用的复合材料部件主要是指承受和传递局部气动载荷,而不参与飞机结构总体受力的部件。由于飞机采用复合材料结构,降低了飞机结构质量,为航空公司带来了明显的节油效益。例如,B777 飞机的复合材料用量约占结构总重的 11%,A380 飞机的复合材料用量约占结构总重的 25%,B787 梦想飞机的复合材料用量占结构总重则高达 50%。

纤维增强材料分成以下几种类型,每种类型在飞机构造中可满足不同的使用要求。

1. 碳纤维(Carbon Fiber)

碳纤维又称为石墨纤维,原材料为纯碳,是一种较便宜的复合材料,很容易与其他纤维材料一起使用。它的缺点是"易脆性",不能直接黏贴在金属上,还可以与金属形成电化学腐蚀。

碳纤维是一种纤维状碳材料。它是一种强度比钢大、密度比铝小、比不锈钢还耐腐蚀、比耐热钢还耐高温、又能像铜那样导电,具有许多宝贵的电学、热学和力学性能的新型材料。用碳纤维与塑料制成的复合材料所做的飞机不但轻巧,而且消耗动力少,推力大,噪音小;用碳纤维增强塑料来制造卫星和火箭等宇宙飞行器,机械强度高,质量小,可节省大量的燃料。1999 年的科索沃战争中,北约使用石墨炸弹破坏了南联盟大部分电力供应,其原理就是产生了覆盖大范围地区的碳纤维云,这些导电性纤维使供电系统短路。

几乎绝大多数的有机纤维物都可以被制成碳纤维,但是,原材料不同,则形成的产物结构就不同,性能也就各异。一般来说,制作碳纤维的原材料主要是聚丙烯腈纤维、黏胶纤维和沥青纤维。黏胶基碳纤维耐烧蚀性好;沥青基纤维结晶取向度高,弹性模量大;聚丙烯腈基碳纤维的综合机械性能好,飞机上主要采用这种碳纤维。

引入石墨纤维材料是复合材料领域的重大进步之一。这种材料通过在拉伸状态下加热人工纤维获得,在这些条件下,人造纤维分解,但纤维丝内碳链保持在原始状态。

碳纤维的制造方法是将碳纤维丝按要求放入合适模型中,将预先调好的树脂混合物倒入模型中,当树脂凝固后,就会产生一种非常轻的高强度、高韧性材料(见图 5-2)。材料的强度取决于碳化炉的温度,3 000 ℃下将产生强度极高的材料。

目前世界上生产销售的碳纤维绝大部分都是用聚丙烯腈纤维的固相碳化制得的。如图 5-3 所示,碳纤维的加工工艺有如下步骤。

(1)预氧化。在空气中加热至 200～300 ℃,维持数十至数百分钟。预氧化的目的是使聚丙烯腈的线型分子链转化为耐热的梯型结构,以使其在高温碳化时不能熔不能燃而保持纤维状态。

(2)碳化。在惰性气氛中加热至 1 200～1 600 ℃,维持数分钟至数十分钟,就可生成碳纤维产品;所用的惰性气体可以是高纯的氮气、氩气或氦气,但一般多用高纯氮气。

(3)石墨化。再在惰性气氛(一般为高纯氩气)加热至 2 000~3 000 ℃,维持数秒至数十秒钟,这样生成的碳纤维也称石墨纤维。

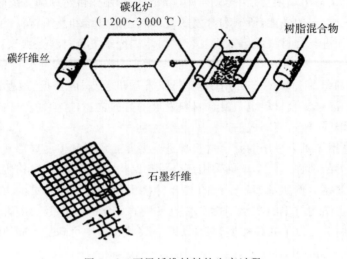

图 5-2　石墨纤维材料的生产过程

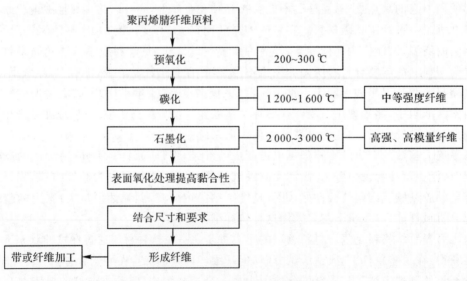

图 5-3　碳纤维的工艺步骤

碳纤维具有十分优异的力学性能,是目前已大量生产的高性能纤维中具有最高的比强度和比模量的纤维,特别是在 2 000 ℃以上的高温惰性环境中,碳材料是唯一强度不下降的物质,是其他主要结构材料(金属及其合金)所无法比拟的。碳纤维还具有耐高温、耐腐蚀、抗蠕变、导电、传热、膨胀系数小以及 X 射线透过率好等一系列优异性能,但其耐冲击性较差,容易损伤,在强酸作用下发生氧化,与金属复合时会发生金属碳化、渗碳及电化学腐蚀现象。因此,碳纤维在使用前须进行表面处理。

复合材料中的碳纤维实际上是碳纤维丝束,飞机结构上使用的碳纤维复合材料的碳纤维丝束一般含有 1 000～12 000 根纤维(见图 5-4)。

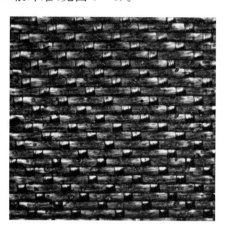

图 5-4 碳纤维

2. 硼纤维(Boron Fiber)

硼纤维是一种在金属丝上沉积硼而形成的无机纤维。硼纤维的强度高,室温下的断裂强度为 2 744～3 430 MPa;弹性模量也高,为 392 000～411 600 MPa;相对密度只有钢材的 1/4,抗压缩性能好。在惰性气体中,高温性能良好;在空气中超过 500 ℃时,强度显著降低。

硼纤维的制法采用化学气相沉积法,将三氯化硼与氢气反应:

$$2BCl_3 + 3H_2 \rightarrow 2B + 6HCl \tag{5-1}$$

还原出的硼在经电化学清洗过的、直径 10 μm 左右的钨丝上沉积(钨丝加热到 1 200 ℃左右,加热方式可用自身电热或高频感应加热),形成的硼纤维直径通常为 100 μm。除了用钨丝作载体外,还可以用碳芯作为载体。

硼纤维是很好的增强材料,可与金属、塑料或陶瓷制成复合材料使用。它主要用于航天、军工等部门作为高温结构材料。由于这种纤维的活性大,在制作复合材料时易与基体相互作用,影响使用,这时可在纤维上涂敷 B_4C,SiC 涂层,以提高惰性。硼纤维价格很昂贵,具有非常好的拉伸强度和低密度,但很脆,偶尔也用于对其他材料进行增强。

3. 芳纶纤维(Aramid Fiber,见图 5-5)

图 5-5 芳纶纤维

芳纶纤维全称为"聚对苯二甲酰对苯二胺",是一种新型高科技合成纤维,具有超高强度、高模量和耐高温、耐酸耐碱、质量轻等优良性能,其强度是钢丝的 5～6 倍,模量为钢丝或玻璃纤维的 2～3 倍,韧性是钢丝的 2 倍,而质量仅为钢丝的 1/5 左右,在 560 ℃的温度下,不分解,不融化。它具有良好的绝缘性和抗老化性能,具有很长的生命周期。芳纶的发现,被认为是材料界一个非常重要的历史进程。

芳纶主要分为两种,对位芳酰胺纤维(PPTA)和间位芳酰胺纤维(PMIA)。在芳纶纤维生产领域,对位芳酰胺纤维发展较快,产能主要集中在美国、欧洲和日本,如美国杜邦(Dupont)的 Kevlar 纤维、荷兰阿克苏诺贝尔(Akzo Nobel)公司的 Twaron 纤维、日本帝人公司的 Technora 纤维。间位芳酰胺纤维的品种有 Nomex 纤维、Conex 纤维、Fenelon 纤维等。

美国杜邦是芳纶开发的先驱,生产的凯芙拉(Kevlar)纤维,有较高的拉伸强度,而且不容易失效。Kevlar 纤维的原材料为芳香聚酰胺,为一种尼龙材料,它比同质量的钢强 5 倍,比同强度的玻璃纤维轻 40%。目前生产的 Kevlar 纤维主要品种有 Kevlar29,Kevlar129,Kevlar49 和 Kevlar149,其常温下的基本性能见表 5-3,后两种可用在飞机结构上。Kevlar149 在吸潮性方面优于 Kevlar49,Kevlar49 吸潮后,纤维强度会降低。

另外,Kevlar 纤维的性能受环境影响很大,环境对 Kevlar49 纤维性能的影响见表 5-4。

表 5-3　杜邦公司 Kevlar 纤维的性能

品　种	拉伸强度/MPa	拉伸模量/GPa	断裂伸长/(%)	吸湿率/(%)
Kevlar29	2 970	36.7	3.6	7
Kevlar129	3 430	52.8	3.3	—
Kevlar49	3 620	125	2.5	3.5
Kevlar149	3 433	165	1.8	1.1

表 5-4　环境对 Kevlar49 纤维性能的影响

环境状态	拉伸强度的影响程度
热环境:100 ℃	损失率:12%
热环境:200 ℃	损失率:25%
燃油环境:JP-4 中 200 h	损失率:45%
灼日光作用:200 h	损失率:34%
灼日光作用:500 h	损失率:46%

4.玻璃纤维(Glass Fiber,见图 5-6)

玻璃纤维是一种性能优异的无机非金属材料。它是最便宜的纤维产品,而且不容易失效,是制造旋翼大梁的最常用材料。玻璃纤维具有高的比强度,而且可以允许无线电、雷达信号穿过,不会对这些系统造成干扰。玻璃纤维通常有两种形式:长纤维和短纤维。

玻璃纤维的生产过程是将硅砂、石英石、硼酸和其他成分(例如黏土和氟石等)干混后,经高温炉熔融,熔化后的玻璃液直接通过漏板,就形成了玻璃纤维。玻璃一般被认为是质硬易碎物体,并不适于作为结构用材,但如果它抽成丝后,则其强度大为增加且具有柔软性,并配合树脂赋予形状以后可以成为优良的结构用材。

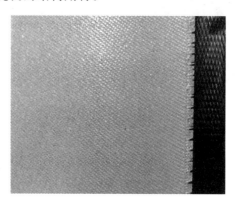

图 5-6　玻璃纤维

　　树脂预浸玻璃纤维是最常见的复合基材,这种材料是由非常细的玻璃纤维和树脂胶黏在一起组成的。用于蒙皮面板时,纤维丝织成布,再浸树脂胶,使用模型来确保得到正确的形状,如图 5-7 所示。玻璃纤维的强度随其直径变小而增高,其合成方向如图 5-8 所示。

　　玻璃纤维比有机纤维耐高温、不燃、抗腐、隔热、隔音性好、抗拉强度高以及电绝缘性好,但性脆,耐磨性较差。作为补强材的玻璃纤维,具有不燃性、耐化学性佳、吸水性小、尺度安定性、耐热性均佳、加工性佳、不导电以及价格便宜等优良特性,这些特性使玻璃纤维的使用远比其他种类纤维来得广泛,发展速度亦遥遥领先。

　　玻璃纤维种类繁多,表 5-5 为波音公司材料规范(Boeing Material Standard,BMS)中干性玻璃纤维(BMS 9-3)的部分类型。玻璃纤维按照其成分中的含碱量,分为无碱纤维(E)、中碱纤维(C)和高碱纤维(A)。在飞机结构中,E 玻璃纤维可满足电磁场使用要求,可用于雷达天线罩;C 玻璃纤维化学性能好,用于防腐部位;S 玻璃纤维为高强度玻璃纤维,具有高拉伸强度,用于有强度要求的结构部位。

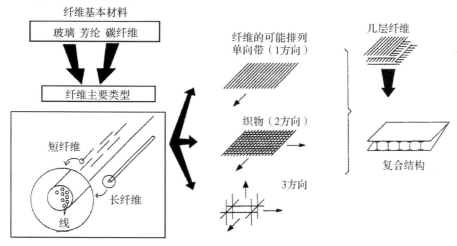

图 5-7　玻璃纤维的增强形式

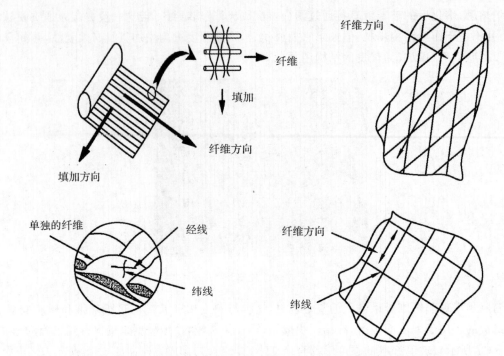

图 5 - 8　玻璃纤维的方向

表 5 - 5　BMS 9 - 3 玻璃纤维的类型

种类(Class)	厂家型号名称(仅供参考)	型式(Style)
A - 1	80 - 150D. E.	1671,1680,800 and 9P114
B	112	112
C	116	116
D	120	120
D - 1	220	220
E	128	128
E - 2	128 - 150	1528
E - 3	128 - 76	7628
F	143	143
F - 2	2 - 150	1543
G	164	164
H	181	181
H - 2	181 - 150	1581
H - 3	181 - 77	7781
J	182	182
J - 2	182 - 150	1582

续表

种类(Class)	厂家型号名称(仅供参考)	型式(Style)
K	184	184
K－2	184－150	1584
M	909	909
N	918	918
O	8800	8800

5.1.3 基体材料

在复合材料中,基体材料的作用是支撑增强材料,并以受剪的形式将载荷传递给增强材料。此外,基体材料对增强材料起着保护作用,使其免受环境的侵蚀。复合材料的使用温度主要取决于基体材料。

1.有机基复合材料

目前,有机基复合材料的基体材料仍以树脂为主,分为热固性和热塑性两大类,其中绝大多数是热固性树脂,例如环氧树脂、聚酯树脂、酚醛树脂、聚酰亚胺树脂。

(1)环氧树脂(Epoxy Resin)。环氧树脂广泛应用于复合材料结构,主要用作碳纤维和玻璃纤维增强材料的基体,这是因为它与碳纤维有较强的结合力。环氧树脂固化过程中一般不释放水分子和低分子物,因此有较好的工艺性,尺寸稳定性好,固化收缩性小。另外还具有耐化学作用、电绝缘性好、制作成本低等特性,其发展方向是提高韧性和耐热性。

环氧树脂及其胶黏剂本身无毒,但由于在制备过程中添加了溶剂及其他有毒物,因此不少环氧树脂"有毒",近年国内环氧树脂业正通过水性改性、避免添加等途径,保持环氧树脂"无毒"本色。目前绝大多数环氧树脂涂料为溶剂型涂料,含有挥发性有机化合物(Volatile Organic Compounds,VOC),有毒、易燃,因而对环境和人体造成危害。

环氧树脂一般和添加物同时使用,以获得应用价值,其中固化剂是必不可少的添加物,无论是作黏结剂、涂料、浇注料都需添加固化剂,否则环氧树脂不能固化。选用各种不同的固化剂,环氧树脂体系几乎可以在 $0 \sim 180 \ ℃$ 温度范围内固化。

复合材料用于湿铺层时,适用于 BMS 8－301 规范的两种常用环氧树脂为 EY3804－B/A(质量配比为 100:66)、EA9390－B/A(质量配比为 100:56)。

(2)聚酰亚胺树脂(Polyimide Resin)。聚酰亚胺树脂是一种耐高温树脂,在空气环境中可以经受直到 $316 \ ℃$ 的高温而性能无显著降低,在高温空气环境中还具有较好的抗氧化性。因此,聚酰亚胺树脂适合于制作发动机和尾部喷口区域的热端零件,机翼前缘的防冰管等。

航空常用的树脂牌号见表 5－6。

2.金属基复合材料

金属基复合材料(Metal Matrix Composite,MMC),是以金属及其合金为基体,与一种或几种金属或非金属增强相人工合成的复合材料。按基体可分为铝基、镁基、铜基和钛基复合材料等,它们通常能与碳、碳化硅和铝增强纤维相结合。

与有机基复合材料相比,金属基复合材料具有许多优点:有较高的强度和刚度;一般能承受高温;具有良好的导热性和导电性;能采用常规金属的连接技术;在室温和高温条件下都有良好的韧性;不能吸湿,更耐冲击损伤和严酷的环境;还有可能将纤维的负热膨胀系数和基体的正热膨胀系数相匹配,热稳定性好。

目前大部分金属基复合材料仍处于研制和开发阶段,在航空航天领域,只有 SiC 颗粒/铝基复合材料、硼纤维/铝基复合材料进入了实践应用阶段。

表 5-6 树脂牌号及配料方法

树脂、预浸料或黏结剂类型	组　分	两组分的质量比	混合后的黏结适用期	钻孔、打磨、加工操作所需的固化时间
1 号树脂混合剂（铺层树脂）（BMS 8-301,Ⅱ类）	FR 7020 树脂-A 组分 固化剂-B 组分	100±2 58±0.5	在 75 ℉时,大约 30 min	在 150 ℉下,30 min;在室温下(最低 65 ℉),至少 6 h
2 号树脂混合剂（封装树脂）（BMS 5-28,Ⅶ型）	EPOCAST 8414A 树脂 EPOCAST8414B 固化剂	100±1 22±1	70 ℉时,60 min	在最低 65 ℉情况下,需 12 h;在 125 ℉情况下,2 h
	CG-1305 树脂 CG-1305 固化剂	100 22		
	FR 7162 树脂 FR 7162 固化剂	100±5 40±2		
3 号树脂混合剂（封装树脂）	2 号树脂混合物 微球	100 5	同 2 号树脂混合物	同 2 号树脂混合物
4 号树脂混合剂	1 号树脂混合物 短玻璃纤维(1/32 in 长)	80 20	同 1 号树脂混合物	同 1 号树脂混合物
5 号树脂混合剂	2 号树脂混合物 短玻璃纤维(1/32 in 长)	80 20	同 2 号树脂混合物	同 2 号树脂混合物
6 号树脂混合剂（密封树脂）（BMS 8-207,Ⅰ型,Ⅰ类）	EC 1838A EC 1838B	50 50	77 ℉时,20 min	105～125 ℉情况下,需 2 h

3.预浸料

预浸料是指预先浸渍了树脂的纤维或织物的片状材料,它是层压板的基本组成单元。复合材料的力学性质很大程度上取决于预浸料的质量。

按纤维排列形式,可把预浸料分为单向预浸料(见图 5-9)和编织预浸料(见图 5-10)。编织预浸料是先将纤维按一定的比例分配经向和纬向,并编织成各种织物形式(见图 5-11)。

图 5-9　单向带(Unidirectional Tape)

图 5-10　平纹织物(Plain Weave)

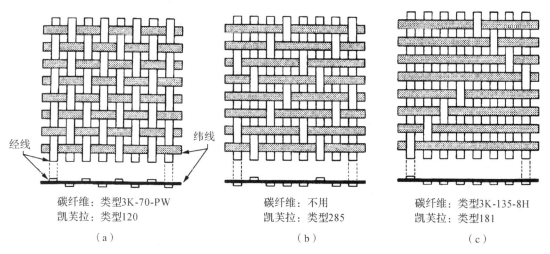

图 5-11　编织预浸料

(a)平纹编织；(b)皱纹光缎纹编织；(c)8 股光缎纹编织

随使用领域、增强材料、树脂基体的不同,预浸料的类型、类别、级别和规格各异,要求的性能也不一样。预浸料的黏性应合适,常温下不黏手、易铺贴,铺层有误时可分离开来重新铺贴并对性能无影响。

预浸料按固化温度的不同,一般分为中温固化、高温固化两种,对应的固化温度为 250 ℉ (121 ℃)和 350 ℉(177 ℃)两种。图 5-12 和图 5-13 分别为利用热压罐、电热毯在 250 ℉下的固化曲线。

波音飞机的预浸料修理:

250 ℉:BMS 8-79+BMS 5-129(胶膜)

　　　　BMS 8-168+BMS 5-129

350 ℉:BMS 8-139+BMS 5-154(胶膜)

　　　　BMS 8-212+BMS 5-154

为了防止预浸料被污染和起皱,通常预浸料表面有一层分离膜,分离膜上有菱形图案,预浸料的经线就是菱形的长轴方向,分离膜的另一个作用是防止单向预浸料横向开裂。预浸料需要冷藏保存,室温下不会固化,一般和胶膜配合使用。预浸料、胶、胶膜的储存要求应参照波音手册 BAC 5317,也可参考表 5-7。

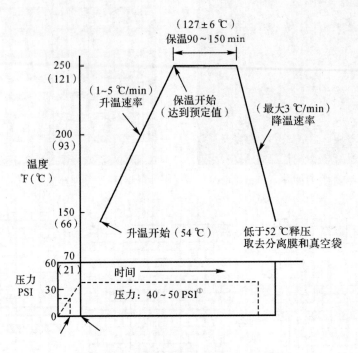

图 5-12 采用热压罐在 250 ℉的固化曲线

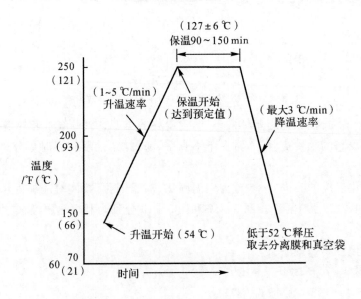

图 5-13 采用电热毯在 250 ℉的固化曲线

---

① 1 PSI=0.06895 kPa。

表 5 - 7　各种胶膜的存储规范

规范号	贮存条件		使用寿命		
	温度/℃	有效期	温度/℃	暴露单元/h	使用寿命
BMS 8 - 212 (177 ℃碳纤维预渍料)	低于－12 ℃	360 天	－12～4 ℃	1	408 个暴露单元 (暴露温度超过 43 ℃应报废)
			5～27 ℃	1	
			27～32 ℃	1.4	
			33～38 ℃	2.4	
			39～43 ℃	8.5	
BMS 8 - 139 (177 ℃碳纤维预渍料)	低于－12 ℃	180 天	5～27 ℃	1	408 个暴露单元 (暴露温度超过 43 ℃应报废)
			27～43 ℃	15	
BMS 8 - 256 (177 ℃碳纤维预渍料)	低于－12 ℃	接受日起 180 天	19～27 ℃	无	10 天

4.胶黏剂

结构修理用的胶黏剂需要具有以下特性:符合技术要求的胶接强度,具有耐热性、耐氧化稳定性、耐介质和抗疲劳性,较长的施工期和贮存期,适中的便于浸渍的流动性,与其他材料良好的相容性。常见胶黏剂见表 5 - 8,可分为液态和膏状、泡沫胶以及胶膜 3 种,如图 5 - 14 所示。

表 5 - 8　复合材料常用的胶黏剂

胶黏剂类型	工作温度				
	室温	150 ℉	200 ℉	250 ℉	350 ℉
湿铺层树脂	BMS 8 - 201 BMS 8 - 301	BMS 8 - 301	BMS 8 - 301	BMS 8 - 301	——
玻璃纤维预浸料	——	——	——	BMS 8 - 179 BMS 8 - 169	BMS 8 - 139
Kevlar 预浸料	——	——	——	BMS 8 - 219	BMS 8 - 218
碳纤维预浸料	——	——	——	BMS 8 - 168 BMS 8 - 258	BMS 8 - 212 BMS 8 - 256 BMS 8 - 276 BMS 8 - 297
薄膜胶黏剂	——	——	——	BMS5 - 70 BMS 5 - 101 BMS 5 - 129	BMS 8 - 145 BMS 8 - 154 BMS 8 - 245

续表

胶黏剂类型	工作温度				
	室温	150 ℉	200 ℉	250 ℉	350 ℉
膏状胶黏剂	BMS 5 - 109				
密封填充剂	BMS 5 - 28				

图 5 - 14　胶黏剂

(a)液态或膏状胶；(b)泡沫胶；(c)胶膜

5.蜂窝夹芯

蜂窝夹芯是由上、下面板和蜂窝夹芯通过胶接组成,本质上是一种分层结构,蜂窝黏在两个面之间(见图 5 - 15)。采用蜂窝夹芯结构的目的是为了提高结构件的抗弯刚度和整体强度,可在不同的地方使用不同的蜂窝材料。黏结的蜂窝结构在飞机结构中相当常见,它的使用取决于应用区域,主要用在成型的机身面板、隔框和地板等。蜂窝夹芯结构主要具有以下特性。

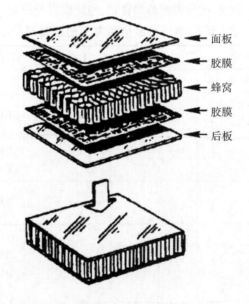

图 5 - 15　典型的蜂窝结构

(1)具有比常规金属结构更高的比强度。

(2)与厚度等于上、下面板厚度之和的平板相比,具有更高的抗弯刚度。

(3)具有较高的结构阻尼,所以能较好地吸音和耐声振疲劳。

(4)具有隔热性能。

蜂窝夹芯从形态上分为蜂窝夹芯材料和泡沫夹芯材料,按芯材分为铝蜂窝、玻璃布蜂窝和芳纶纸蜂窝。

铝蜂窝芯材是用经磷酸阳极化处理后并经浸渍防腐底胶的防锈铝箔拉伸制成的,具有强度高、耐腐蚀等特点。铝蜂窝的制造技术和使用经验比较成熟,成本较低。由于铝蜂窝与碳纤维复合材料的热膨胀系数相差太大,而且直接接触时,会产生电偶腐蚀。因此,在飞机结构中很少采用碳纤维面板与铝蜂窝的夹芯结构。

玻璃布蜂窝芯材是由玻璃布制成的蜂窝,然后浸渍树脂固化而成的。其具有力学性能高、介电性能优异等特点,广泛应用于雷达罩和无线电天线罩等要求电磁波透波性能好的夹芯结构中。

Nomex 蜂窝是一种用芳香聚酰胺纤维制成的常用芳纶纸蜂窝,它的强度是玻璃纤维或铝合金的两倍。Nomex 蜂窝芯黏在两层 Kevlar 板之间,这种结构的刚度是实体钢板的 9 倍。Nomex 蜂窝芯材是由聚芳酰胺纸浸渍阻燃酚醛树脂经固化后制成的,具有密度小、成型好、隔音、隔热、电绝缘、透电磁波和良好的自熄性能,在飞机上常用作地板、舱内壁板和装饰板等夹芯结构件的芯材以及雷达罩芯材。

蜂窝夹芯最常用的夹芯形状有六角形、菱形和矩形等,也有一部分是孔格形状呈长方形的过拉伸蜂窝,其中以六角蜂窝夹芯应用最广(见图 5－16),因为这种夹芯稳定性高、制造简便。蜂窝夹芯的规格如图 5－17 所示。

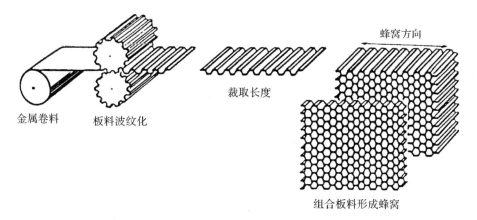

图 5－16　蜂窝夹芯的产生

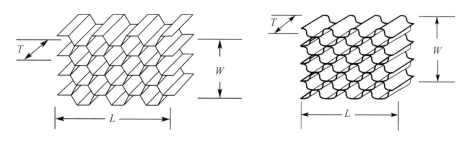

图 5－17　蜂窝夹芯的规格

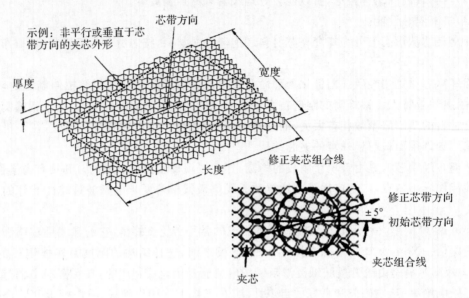

续图 5-17　蜂窝夹芯的规格

5.1.4　复合材料结构的可设计性

由于复合材料部件的结构具有可设计性,使得复合材料结构设计更容易达到优化设计的目的。所谓材料设计是指合理选用增强材料和基体材料的设计过程。

1. 选材原则

(1)增强材料应具有高的比强度和比模量。

(2)材料应满足使用环境要求。

(3)材料应满足结构的特殊性能要求。

(4)材料在预浸料制备、固化成型、机械加工、装配和修理等方面应具有良好的工艺性。

(5)在满足设计要求的前提下,成本应尽可能低。

2. 增强材料的选用

选用增强材料时,要根据使用条件综合考虑其比强度、比模量、拉伸断裂应变、强度/价格比以及模量/价格比等基本特性。

另外依据需要,纤维可采用编织形式或单向带形式。

3. 基体材料的选用

(1)复合材料构件使用温度范围取决于基体材料的使用温度范围。因此,应根据复合材料构件所处的温度环境来选用适应的基体材料(见表 5-9)。

(2)基体材料应满足基本的力学性能要求。

(3)树脂的断裂应变与纤维的断裂应变应匹配,树脂和纤维具有高的界面结合强度。

(4)树脂的物理、化学性能应满足结构的使用要求。

(5)满足工艺性要求,例如挥发物含量、黏性、预浸料使用期、固化温度以及固化后的收缩率等。

(6)低毒性和低刺激性。

表 5 - 9　各种复合材料基材的使用温度

热固性树脂基体	环氧树脂		双马来酰亚胺	聚酰亚胺	酚　醛
	120 ℃固化	180 ℃固化			
使用温度/ ℃	−55～82	−55～105 −55～120	−60～177 −60～232	−60～250 短期达 315	−55～140 −55～177 −55～260

5.2　复合材料的存储和处理

复合材料应依据化学材料安全评估报告(Material Safety Data Sheet,MSDS)进行存储和处理,保障材料处于可用及达到预期处理后的使用性能。对于预浸料、胶黏剂、环氧树脂等聚合物,不正确的存储和处理都会导致复合材料的技术性能受到影响。

1.复合材料的运送和接收

总的来讲,要求包装良好,防止外力损伤,附上识别标签。维修单位应制定采购材料的接收和验收流程,使材料符合原生产厂家和相关局方批准的材料技术标准,必要时可对采购材料进行核实检测。

复合材料存储时,温、湿度要求必须严格控制及遵守。很多种类的黏结材料和预浸料要求低温储存,并且有特定的保质期限和常温暴露的期限。供应商必须严格控制,保障每批次采购货品的存储、包装和运输符合规范。危险物品的包装应符合相关法律和法规。所有质保文件和记录需完整。

2.增强纤维材料的存储

(1)干纤维织物。

干玻璃纤维:存储在不超过 20 ℃的温度环境,存储库房温度需恒定在合适的范围,且每天记录两次。

干碳纤维:同上述干玻璃纤维。

干芳纶纤维:存储条件同干玻璃纤维,除此之外应存储在干净、带密封口的聚亚氨酯袋里,以最大化的减少吸收水分和避免在阳光照射下受紫外线影响,导致性能的降低。

(2)预浸料、胶膜和黏结剂。

大多数情况下,需要 −18 ℃冷库来存储材料,并且供应商必须提供全程干冰储存包装运输,运输过程需携带温控装置,提供全程持续性时间和温度记录,以确认中转过程存储温度未超出范围。

对于双体混合环氧树脂材料,要注意基体材料有时候会不同于固化剂的存储期限。

3.损伤预防

避免直接的太阳光辐射和超强的人造光线,存储间内不允许操作复印机,存储设施应满足防火法规。禁止弯折纤维而导致纤维断裂或损伤。建议使用从顶部开启的无霜冷藏存储设备,为了防潮,存储室应保持洁净、干燥,材料从冷藏设备取出解冻后才能开封使用。使用完毕后要重新密封包装好,才能把剩余材料归还冰库。在存储材料或容器上贴上标签,清晰注明每一批号、卷号、允许保存的最后截止日期、暴露于室温的最大允许时间、累计暴露时间、冰库最高温度。定期监控存储温度。要保证存储材料具有可追溯性。

4.保质期寿命/过期时间

当发现有任何材料超过了保质期限，或者接近于过期，应立即报告，并使用可识别的标签注明并隔离。

一旦材料到了有效保质期限，依据以下程序进行处理。

(1)联系供应商，确认该批次材料是否可以延期处理。

(2)如果该批次材料的保质期无法延长，应立即从库房移出，报废处理该批次材料。

5.复合材料的分装

很多场合下，购买整卷的预浸料不具备可操作性，对于大部分用户，并不是每次都将整卷的预浸料，在工作寿命期限内将其一次性全部用完，因此，材料可以分切成小包装。一整卷的材料可能需耗时 8 h 来解冻，而解冻小包装的材料花费的时间可以大大缩短，仅需将需要的小包装的材料数量暴露于冰库外，这将有助于更有效地利用材料和提高修理效率。

5.3　复合材料结构损伤类型和评估

复合材料结构多采用夹芯结构，或者层压板结构。复合材料结构在使用过程中，由于受交变载荷、外来物撞击、雷击以及环境条件等因素的作用和影响，会产生各种形式、不同程度的损伤。

复合材料在使用过程中始终保持完好无损、性能不变是不可能的，很多人为因素和自然因素都会造成复合材料的各种损伤。常见的损伤形式有：

(1)表面损伤。这种损伤主要伤及材料的表面或近表面，如擦伤、划伤、凹陷、气泡和分层等。

(2)冲击损伤。大到与跑道上的车辆、设施相撞，小到与跑道上飞起的石子、砂砾，空中飞来的冰雹、小鸟及工作人员失落的工具等相撞所造成的损伤。

(3)分层。如层压板分层，面板与蜂窝芯分层等。

(4)脱胶。如胶接面脱胶，层压板脱胶，面板与蜂窝芯之间脱胶等。

(5)慢性长期损伤。如疲劳裂纹等。

(6)渗水、吸潮损伤。

(7)制造过程产生的损伤，如气孔等。

5.3.1　复合材料结构的损伤

当发现复合材料结构上有损伤时，在进行任何进一步的修理之前，需要对整个受影响区域进行排查，并根据航空器结构修理手册的相关章节内容，对损伤进行定性分类和损伤程度评估，确认损伤是否为可修理损伤。复合材料常见的损伤类型如下。

(1)擦伤(Scratch)/凿伤(Gouge)。

擦伤与凿伤示意图如图 5-18 所示。

1)擦伤。它是由于尖锐物体与部件表面接触，而造成一定深度和长度的线性损伤。

2)凿伤。它是指比划伤更宽、更深的损伤。

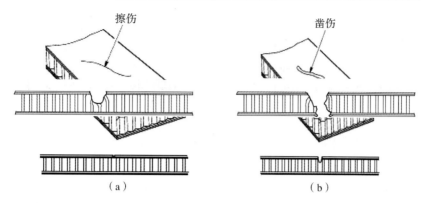

图 5-18　擦伤与凿伤示意图
(a)擦伤;(b)凿伤

(2)磨损(Abrasion)/刻痕(Nick)。

磨损与刻痕示意图如图 5-19 所示。

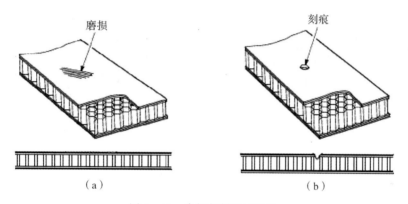

图 5-19　磨损与刻痕示意图
(a)磨损;(b)刻痕

(3)分层(Delamination)/脱胶(Disbond)。

分层与脱胶示意图如图 5-20 所示。

1)分层。它是指不同纤维层之间的剥离现象。

2)脱胶。它是指不同纤维铺层或部件(如纤维层和蜂窝)之间的松脱、开裂现象。

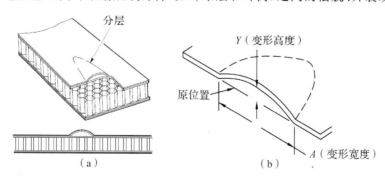

图 5-20　分层与脱胶示意图
(a)分层;(b)脱胶

（4）凹坑（Dent）/穿孔（Penetration）。

凹坑与穿孔示意图如图 5-21 所示。

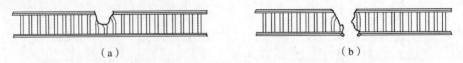

（a）　　　　　　　　　　　（b）

图 5-21　凹坑与穿孔示意图

(a)凹坑;(b)穿孔

（5）积液（Effusion）/雷击（Lightning Strike）。

1）积液。由于它是指蒙皮的损伤或保护层的失效,使液体进入并积存于蜂窝中,从而导致进一步的脱胶。

2）雷击。它是指高压电流在复合材料上留下的烧灼痕迹。

（6）撞击（Impact）。

撞击示意图如图 5-22 所示。

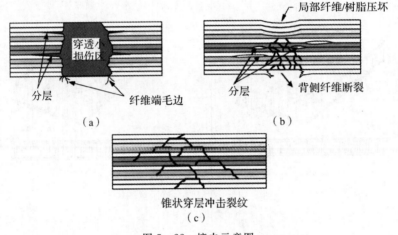

（a）　　　　　　　　　　　（b）

锥状穿层冲击裂纹
（c）

图 5-22　撞击示意图

(a)高能量冲击;(b)中能量冲击;(c)低能量冲击

5.3.2　无损检测

复合材料构件在确定进行修理之前,必须对其损伤和缺陷进行检查评估。复合材料结构损伤的检测方法与金属结构损伤的检测方法基本相同。与金属材料受撞击会出现变形、腐蚀会产生白色粉末等可见性特征相比,复合材料结构的损伤有时具有隐蔽性,其检查方法见表 5-10。

表 5-10　不同缺陷类型的检查方法

检测方法	缺陷类型							
	脱胶	分层	凹坑	裂纹	孔洞	湿气	灼伤	雷击
目视检测	√*[1]	√*[1]	√	√	√		√	√
敲击检测	√*[2]	√*[2]						

续表

检测方法	缺陷类型							
	脱胶	分层	凹坑	裂纹	孔洞	湿气	灼伤	雷击
X 射线检测	√*[1]	√*[1]		√*[1]		√		
超声穿透法检测	√	√						
超声脉冲反射法检测		√						
超声波脱胶检测	√	√						
红外线照相检测	√*[3]	√*[3]				√		
激光全息检测	√*[3]	√*[3]		√				
着色渗透检测				√*[4]				
涡流检测				√*[4]				

注：*[1]开到表面的缺陷；*[2]薄壁结构(≤3层)；*[3]正在研究发展的检测方法；*[4]不推荐的检测方法。

5.4　复合材料结构损伤的修理原则与方法

飞机制造厂家根据飞机结构损伤的程度,将其分为可允许损伤、可修理损伤和不可修理损伤。可允许损伤可采用简单方法处理,不影响飞行安全;可修理损伤是指飞机或结构的外表面、黏结剂、夹芯的损伤在限制范围之内,可进行修理;不可修理损伤指损伤的程度超过了限定值,必须更换。

复合材料结构修理的类型主要取决于表面划伤、整个内层或夹芯损伤的损伤程度。具体的修理方法有螺接金属或复合材料补片法、胶接金属或复合材料补片法、灌充密封剂法和叠层黏结法等几种。

复合材料结构修理分冷修理(如湿铺层)和热修理(如预浸料),如图 5 - 23 所示。

冷修理是指清除损伤后,采用湿铺层,然后在室温下固化的修理方法。为了加速固化,减少固化时间和得到高质量的修理,可以利用加热设备,使修理区湿铺层后,在 150 ℉温度下固化。

冷修理的特点:湿铺层修理时,应尽快使用含有催化剂的树脂材料;冷修理不能恢复原结构的强度和耐久性,因此对一些冷修理应规定检查周期;冷修理不能用在高应力区和主要结构件上,它的应用范围和局限性,在相关的机型修理手册中会有说明。

热修理又可分为 250 ℉固化修理、350 ℉固化修理、200 ℉或 300 ℉湿铺层固化修理。热修理一般用在部件或构件的特定区域,这在相应机型修理手册中有具体的规定。应当指出,在复合材料修理中,修理材料与固化温度要相适应。例如 350 ℉固化的修理材料,不能在 250 ℉

温度下固化。同理,在复合材料修理中,应采用与固化温度相适应的密封剂。

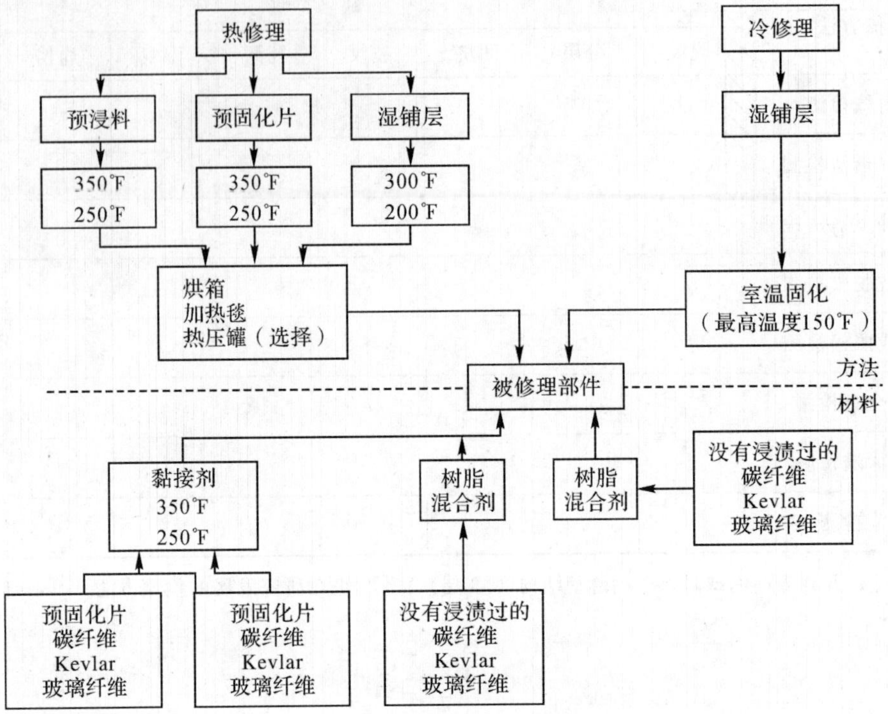

图 5-23　热修理与冷修理

5.4.1　复合材料结构修理的设计原则

1. 设计原则

所有复合材料结构,特别是易受到损伤的部件,在设计时就应考虑可修理性,修理技术的可行性、有效性和经济性。同时,应使修理后的结构强度和刚度恢复尽可能的高,质量增加尽可能的小,还应恢复原结构的功能,保持原结构的光滑、完整。为此,设计中应遵循下列修理的设计原则。

(1)易损部位应留有修理通道,即提供足够的检查空间和使用钻孔、铆接工具的空间。

(2)易损部位复合材料结构的连接尽可能采用螺接,以便受损后易于拆卸、修理和更换。

(3)易损部位应考虑修理余量,以保证修理时扩孔、加开连接螺栓孔后仍有足够的强度。

(4)复合材料结构上安装金属接头等其他零件时应尽可能采用螺接,而不采用胶接,以利于拆卸,方便维修。

(5)组合结构构件的修理一般比整体结构构件的修理要容易得多,因此在满足结构设计原则的前提下,复合材料构件尽可能采用组合结构型式,如图 5-24 所示。

(6)应按各部位刚度和强度的重要性,将部件划分若干个区域。

2. 一般流程

对于飞机复合材料的结构修理,其一般流程如图 5-25 所示。

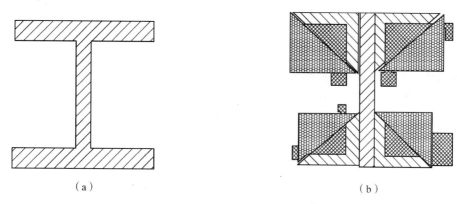

图 5-24　整体件与组合件

(a)整体件;(b)组合件

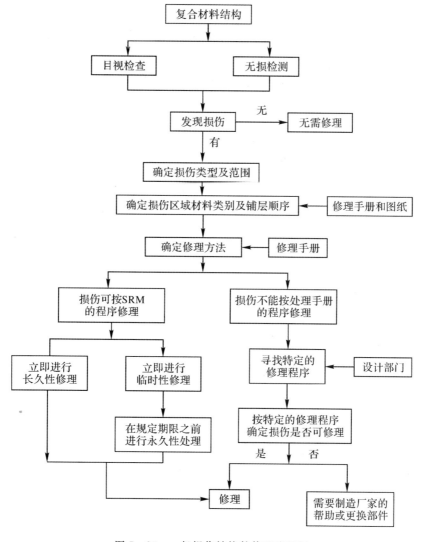

图 5-25　一般损伤结构件修理流程图

5.4.2 修理区域的划分和修理容限的规定

1.修理区域的划分

飞机结构各部分对强度和刚度要求的重要程度是不同的,对可修理性及修理方法的要求自然也不相同。设计人员应在设计阶段根据结构的特点、强度和刚度的要求,对结构部件进行分区,各分区应具有不同的可以接受的损伤程度及相应的修理技术。目前国内设计人员还缺乏这方面的知识,可参考国外的经验。例如:图 5-26 是 A310 飞机碳纤维复合材料减速板修理区域的划分图。该图将减速板分为 6 个区域,每个区域采用不同的修理方法。

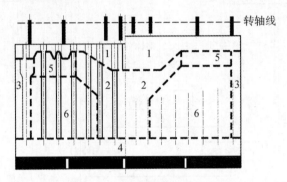

图 5-26　A310 减速板修理区域的划分

图 5-27 提供了每个区域可接收的损伤程度和可采用的修理方法,并给出了各种修理方法下的寿命(本例虽是减速板肋间损伤修理实例,但其原则对其他部件也适用)。

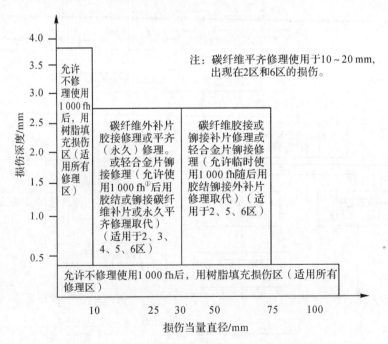

图 5-27　每个区域可接受的损伤程度和修理方法

---

① fh,flight hour(飞行小时)的简称。

2.修理容限的规定

修理容限是指修与不修、能修与不能修的界限。影响其修理容限的因素很多,如不同的结构形式、不同的材料体系、不同类型的飞机都有不同的规定。首先要根据缺陷和损伤的类型,检测出其大小和范围,根据指定的生产和使用中允许的缺陷和损伤标准,来确定修与不修的界限,其关键是缺陷和损伤许用标准的确定。

通常,每种结构都有其自身特有的损伤包容能力。如 F-18 飞机的修理指南规定,当压痕深度小于 0.4 mm、分层直径小于 13.0 mm、开胶直径小于 19.0 mm 时,可不修理,照常使用。经验表明,大多数复合材料结构都能包容损伤当量直径小于 20 mm 的各类损伤。

当缺陷和损伤大大超过了一定的量值时,结构修理难于达到标准要求或在经济上已不合算,只好报废更换构件。如波音公司规定,缺陷和损伤的范围大于构件面积的 15% 时,报废不再修理。F-18 飞机规定,蜂窝结构分层直径大于 50 mm,开胶直径大于 75 mm,层压板分层直径大于 75 mm 时,报废不再修理。

对于重要的复合材料构件,有专门的技术文件控制损伤的大小,该文件与设计图纸配套使用,以保证产品的质量;但一般构件还是由结构修理手册(SRM)提供。

5.4.3　复合材料结构修理方法分类

从不同的角度,复合材料的修理方法不同,主要有以下几种分类方法。

5.4.3.1　根据修理区域加不加补片分类

1.非补片式修理

在修理区域不加任何补片材料,主要用于修理小的损伤和缺陷,修理工艺简单,一般都能在外场条件下短时间内完成修理工作。该修理方法主要有下列几种情况。

(1)树脂注射法。该方法主要用于修理层压板内小的分层、脱胶及结构连接处的空隙等。将配置好的树脂在一定压力下注入损伤部位,并给损伤部位加热固化。如果损伤部位不在结构的边缘,还需开注射孔。

(2)混合物填充法。该法与树脂注射法类似,用树脂与短纤维的混合物取代树脂。这种方法可修理蜂窝蒙皮和芯子的损伤,还可修理连接孔的磨损及扩张。

(3)热处理法。本方法主要用于除湿、干燥及去除蜂窝结构中的潮气。

(4)表面涂层法。表面涂层法是密封、恢复表面保护层,起装饰、防雷击和防静电等作用,主要用于表面损伤的修理。

(5)抽钉法。采用抽钉铆接并加密封剂密封的方法,主要用于修理层压板内部的分层、脱胶。

2.补片式修理方法

本方法适用于修理较大的损伤和缺陷,修理工艺比较复杂。根据补片材料、补片的结构形式及修理工艺,又可将补片修理分为以下几类。

(1)外搭接补片胶接法。该法可以修理 2 mm 厚的较薄层压板或蒙皮,在外场条件下这种方法较容易实现,且强度可恢复到 70%~100%,故该方法应用比较广泛。

1)补片的材料有以下两种。①复合材料。有复合材料单向带(一般与母体材料铺层相同)和复合材料织物。②金属材料。一般为钛或铝板,用胶黏剂黏在一起。

2)胶接工艺有以下两种。①预固化。先将补片预固化,再与母体材料胶接。②共固化。即湿铺贴或预浸料热胶接法。湿铺贴是在母体材料(被修理件)上进行铺贴,为了弥补修理层固化压力偏低给强度带来的损失,在修理层的最外面通常要覆盖1～4层附加铺层。

预浸料热胶接法与湿铺贴法基本相同,所不同的是在铺贴预浸料之前先铺一层胶膜,且要求加热固化,修理后的部件强度恢复要比湿铺贴法高很多。

(2)外搭接补片螺接法。本方法适用于厚层压板(8～25 mm)的修理,补片材料一般为金属材料,如钛、铝等,修理工艺简单,不需要特别的专业人员和太多的修理设备,故非常适用于外场紧急修理。

(3)嵌入式补片修理(不含蜂窝芯修补)。该方法适用于修理含穿透性或半穿透性损伤较厚的零部件。修理时需要去掉一部分母体材料,以便制成斜面或台阶面,工艺较复杂,耗时较多,一般在永久性修理时采用,效果较好。

补片材料一般为复合材料单向带,铺层结构与母体相同。

接头形式有两种:斜削式和阶梯式,如图5-28所示。

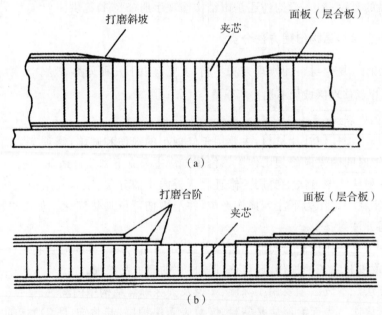

图5-28　接头斜削与阶梯示意图
(a)斜削式;(b)阶梯式

5.4.3.2　根据损伤程度和性能要求分类

1.临时性修理(暂时性修理)

这种修理主要针对许可损伤或有时间限制的许可损伤进行修理或实施保护性措施。可用于结构性材料或非结构性材料,能满足强度要求,并含有装饰性的目的,但受时间和飞行起落次数的限制,在修理时限结束时,这种修理必须被去除和代替。这种修理也叫"C级临时性修理"。

2.过渡性修理

这种修理主要针对有时间限制的许可损伤和可修理的损伤,因不具备永久性修理的条件而进行的过渡性修理。该修理要求恢复部件的强度,但不能恢复部件的耐久性,它有不同于原部件的检查间隔和检查方法,最终也要被永久性修理所取代。这种修理也叫"B 级过渡性修理"。

3. 永久性修理

该修理能在飞机寿命期限内,恢复并保持飞机结构完整性(既要求强度也要求耐久性)的修理方法,一般可在飞机"C 检"时完成,其检查时间和检查间隔与原部件相同。这种修理也叫"A 级损伤介限修理"。

4. 更换部件

损伤严重,无法用修理来恢复其结构的完整性,即使能修理,但经济不合算,故更换零部件是唯一的办法。

5.4.3.3　修理程序

虽然复合材料的修理分类很多,但其具体修理方法主要是湿铺贴法和预浸料法(其中有少量的机械法,如铆接和螺接等),其修理的大体程序基本相似。

图 5 - 29 为具有代表性的较全面的修理程序。

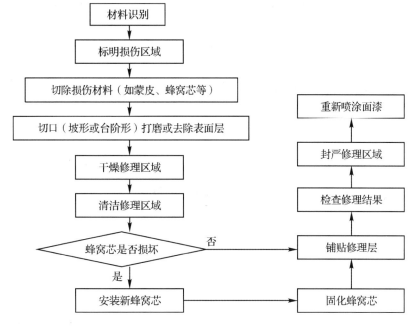

图 5 - 29　复合材料的修理程序步骤

此外,除去上述主要程序外,对于湿铺层修理,还有以下一些附加工序。

(1)调配树脂胶;

(2)发泡胶带黏结蜂窝芯;

(3)浸布。

对于预浸料修理,也有以下一些附加工序。

(1)使用发泡胶胶条;

(2)用胶膜黏结铺层。

5.5 复合材料修理工具及设备

5.5.1 修理设备

1. 冰箱冷藏设备

各种预浸料、胶膜、树脂都需要放在冰箱中,因为这些材料在室温下放至超过规定时间,它们在修理中就不能很好的固化,会降低修理质量。冰箱里的材料要有记录本,需记录其在冰箱中的放置时间和在室温下的累计放置时间(某些材料还需要记录室温下的暴露次数)。

2. 加温设备

在修理过程中,某些材料需要加温才能固化,有时又为了加快固化过程需要对修理部位进行加温。常用的加温设备有烘箱和电热毯,大修理甚至用到热压罐,局部加热车间还用到照灯、电热枪(见图 5 - 30)。

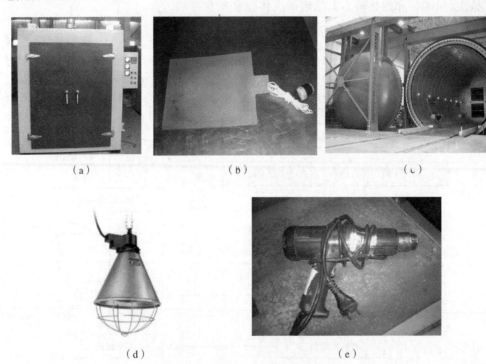

(a)   (b)   (c)

(d)   (e)

图 5 - 30　复合材料常用加热设备

(a)烘箱;(b)电热毯;(c)热压罐;(d)照灯;(e)电热枪

烘箱和热压罐的容积必须能容纳所修理的部件,电热毯的尺寸至少超过修理补片边缘 2 in。这些加温设备应能提供 $1 \sim 8$ ℉/min 的升温速度,并能够保持 350 ± 10 ℉以上的固化温度。

3. 真空设备

在复合材料结构修理的固化过程中,为了更好的成型和提高黏结性,需要采用抽真空的方法对修理部位施加压力。常用的抽真空设备有气动真空泵、电动真空泵,设备必须能保持

22 in Hg[①]的最低压力。利用真空袋,也是一种常用的加压修理方法(见图 5-31)。

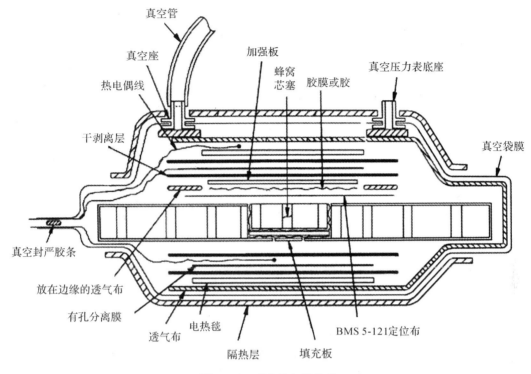

图 5-31　真空袋加压修理

4. 其他固化设备

固化过程中,除了加温设备和抽真空设备外,还要有分离膜、均压板、透气布、封严胶、真空袋等辅助设备。

5. 切割工具和吸尘器

为了去除损伤,复合材料修理也用到各种手持切割工具,譬如剪刀、刀架、砂轮、电锯、孔锯等(见图 5-32)。尽量使用气动马达作为动力源,以防止加工碳纤维复合材料时的纤维粉尘进入电动马达造成短路。

去除损伤后,要用到吸尘器来清理灰尘和碎屑,让修理区域和环境保持干净。

6. 夹具

修理过程中,为防止结构产生变形,应使用夹具夹持工件,常用的有 C 形夹。

7. 热补仪

设备可选用美国 HEATCON 公司的双区热补仪 HCS9200B(见图 5-33),它们是由电脑监测和控制,使用多个传感器输入、各种图表状态显示屏幕以及完整的程序记录打印系统来实现复合材料的修理。在固化对温度非常敏感的复合材料时,双区均能有效控制固化所需的电热、真空度和时间。设备体积小、便于携带,可以在车间里或外场修理时使用,是当前国际上标准的复合材料热胶接修理设备。

---

① 　1 in Hg＝3.389 kPa

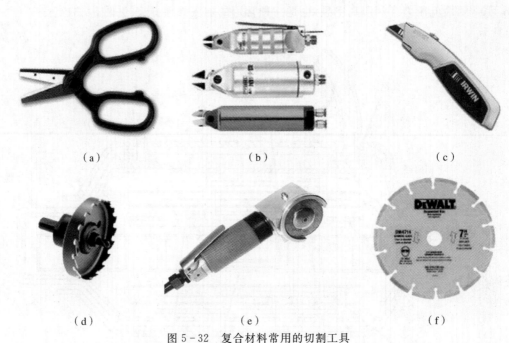

（a）　　　　　　　　　　（b）　　　　　　　　　　（c）

（d）　　　　　　　　　　（e）　　　　　　　　　　（f）

图 5-32　复合材料常用的切割工具

（a）剪刀；（b）气动芳纶剪切器；（c）美工刀；（d）切割盘；（e）圆盘切割机；（f）切割轮

图 5-33　HCS9200B 双区热补仪

8.测量设备

为了测量板材的厚度和一些部件的直径，需要用到游标卡尺和千分尺，直尺仍然是最常用的测量长度工具。精度达到 0.1 g 的电子秤，日本啄木鸟的测量分层仪器，雷达罩测量水分专用仪器等测量设备也常用到，这些设备需要定期校准。

5.5.2　设备使用安全和健康

复合材料结构修理所用的环氧树脂、清洁剂以及打磨时产生的粉尘等，都是对人体有害的物质。因此，施工者必须根据施工环境自动佩戴相应的劳动保护设施，以防对人体皮肤产生损伤（见图 5-34）。

复合材料结构修理时，修理材料挥发的气体混合物或打磨时产生的粉尘含量都比较高，可能会因高温、明火或电火花引起爆炸。因此,进行复合材料结构修理应使用防爆设备,并尽量远离热源和电火花源。禁止使用电动工具加工碳纤维复合材料件。

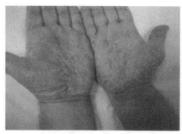

图 5 - 34　劳保用品与皮肤损伤

5.5.3　环境与安全

有毒化工品对人体健康危害性更强、更隐性。安全是整个航空部门强调的重点,控制、减弱职业危害因素的强度,是预防职业危害的重要环节。因此,在实践工作中,对各种职业危害因素要规定一个职业接触限值(Occupational Exposure Limit),作为衡量卫生状况的尺度、改善劳动条件的奋斗目标及实施工业卫生监督的依据。

(1)暴露极限。

1)时间加权平均极限值(Threshold Limit Value - Time Weighted Average,TLV - TWA):正常 8 h 工作日或 40 h 工作周的时间加权平均浓度,在此浓度下反复接触几乎对全部工人都不至于产生损害效应。

2)短时间接触极限值(Threshold Limit Value - Short Term Exposure Limit,TLV - STEL):在此浓度下工人能够短时间连续接触而不至于引起损害。

3)上限值(Threshold Limit Value - Ceiling,TLV - C):瞬间也不得超过的最高浓度。

(2)危险警告信号(见图 5 - 35)。

1)有毒性。通过任何途经,对人体带来急性或慢性的中毒风险。

2)有害性。须提醒人注意风险的物质。

3)腐蚀性。它指能毁坏物体组织的物质。

4)可燃性物质。闪点温度介于 21~55 ℃。

5)易燃性物质。闪点温度介于 0~21 ℃。

6)极燃性物质。闪点温度低于 0 ℃。

7)刺激性。它易导致人体发炎的物质。

| 有害或刺激 | 危害生物 | 腐蚀性 | 易爆 |
| 易燃 | 放射性 | 有毒 | 氧化 |

图 5 - 35　危险警告标示

（3）可吸入性纤维和粉尘。

可吸入性纤维和粉尘包括玻璃纤维、碳纤维、芳纶和硼纤维以及打磨粉尘等。

安全要求如下。

1）不允许暴露于粉尘之中。

2）不允许在没穿戴任何防护服和防尘面罩、佩戴呼吸器的情况下加工纤维材料。

（4）烟雾和挥发性气体。

接触到环氧树脂、溶剂、封严胶、油漆涂层等液态或固态未固化材料，或暴露于挥发气体或粉尘中，可能会发生副作用。

安全要求如下。

1）不得吸入挥发性气体。

2）保持工作现场整洁。

3）不允许在环氧树脂工作区域从事不同类型的工作。

4）保持有效通风十分重要。

（5）皮肤接触。

1）纤维。接触纤维会导致暂时性皮肤炎症，可通过中性肥皂和温水清洗缓解。

2）环氧树脂。环氧树脂带来的严重过敏接触性皮炎，其症状为红肿和瘙痒。

3）溶剂。化学溶剂可以透过皮肤吸收、到达人体各个部位。

（6）化学材料安全评估报告（MSDS）。

MSDS 由材料生产厂家，或由相关材料处理商提供，其包含所有相关危害和安全处理、报废程序。如果运单里未含有对应的 MSDS，技术人员应要求厂商提供。

（7）释放热能量反应。

当树脂和催化剂混合后，固化程序立即开始，这是一个产生能量的固化过程。缺乏降低热量的环境条件，会导致温度的上升，从而产生极短的活化期（Pot Life），可能会出现火灾。

注意：不建议混合过量的环氧树脂材料。

（8）紧急情况处理程序。

开始启动化学反应之前，技术人员应对相关工艺有具体理解，并做好应急措施。如产生热量的反应准备冰水冷却槽；产生气体的反应需准备通风措施；反应中有毒化学品若有溅入眼睛的可能，则需知悉最近的洗眼器位置。

5.6　典型复合材料结构的修理

5.6.1　表面损伤的修理

常见的表面损伤包括表面 1.5 mm 左右深的凹陷、起皱、划伤、气泡或分层，其中以表面划伤最为常见。表面划伤对部件强度的影响如图 5-36 所示。

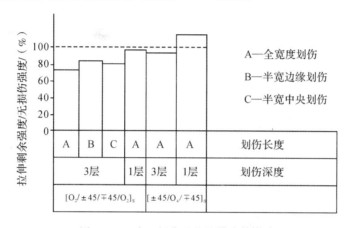

图 5-36　表面划伤对拉伸强度的影响

表面损伤的修理方法有以下几种。

(1)用树脂填充划伤、刻痕，固化后磨平、涂漆。

(2)用混合物(相当于腻子)填充吹砂后的损伤区。

(3)用清洁剂清洗凹陷区，后用胶黏剂填充，固化后去除多余物，如需补漆再涂刷底漆、面漆。

(4)将冷树脂注射到气泡或分层区，室温固化。该法只适用于<25 mm 的损伤区。固化时可用重物或夹紧法对构件施加压力。

5.6.2　分层的修理

构件边缘是最易出现损伤的区域。边缘开胶和分层可采用树脂注射法或混合物填充法进行修理，固化时要施加压力，该法已广泛用于碳纤维复合材料的边缘分层修理。层压板内的分层可采用抽钉法修理，如图 5-37 所示。

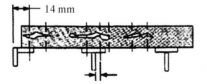

图 5-37　分层修理

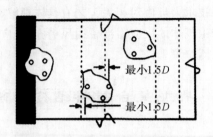

续图 5-37　分层修理

5.6.3　冲击损伤的临时性修理

临时性修理大多在外场进行,需要的设备、条件简单,并可在短时间内完成。这种修理一般寿命较短,应在其限定寿命内由永久性修理取代。图 5-38 和图 5-39 是不同部位和不同程度的蒙皮损伤修理,该修理只能保证寿命 1 000 fh。

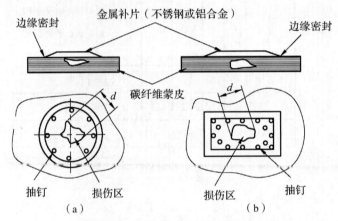

图 5-38　仅用于蒙皮损伤的临时性修理

(a)10 mm$<d<$35 mm;(b)35 mm$<d<$60 mm

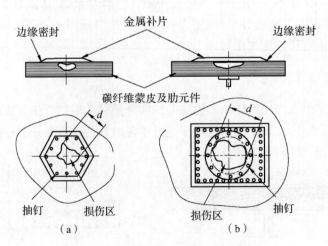

图 5-39　肋缘条蒙皮损伤的临时性修理

(a)10 mm$<d<$35 mm;(b)35 mm$<d<$60 mm

临时性修理也可使用胶接方法修理,但有相关尺寸的要求,如图 5 - 40 所示。

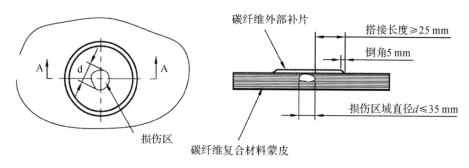

图 5 - 40　碳纤维复合材料蒙皮临时性胶接修理

5.6.4　冲击损伤的永久性修理

永久性修理的目标是恢复复合材料构件的结构完整性。可采用外搭接补片胶接或螺接法,也可采用嵌入式修理方法,具体要根据损伤的部位、程度及构件的类型来决定。

1.蒙皮/肋结构的修理

(1)一般采用外搭接复合材料补片胶接或螺接方法,典型的修理方案如图 5 - 41 所示。如在两肋之间出现较大面积损伤,补片除胶接外还应使用埋头抽钉铆接,进一步强化修理强度(见图 5 - 42)。

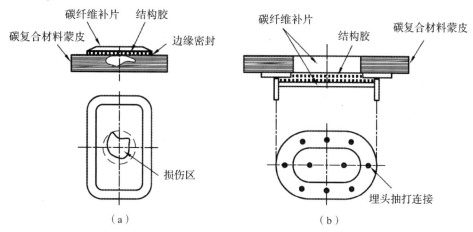

（a）　　　　　　　　　　　　（b）

图 5 - 41　小面积蒙皮的永久性修理

（a）蒙皮补片修理:10 mm≤d≤35 mm;（b）蒙皮平齐修理:10 mm≤d≤20 mm

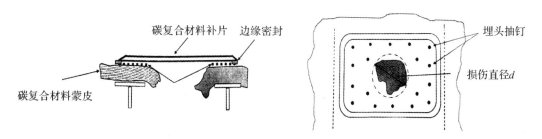

图 5 - 42　大面积蒙皮损伤的永久性修理

(2)胶黏剂填充或填充加补片。

1)蒙皮损伤不超过一个铺层的厚度。采用胶黏剂填充固化,打磨平整,再涂漆的方法(见图 5-43)。

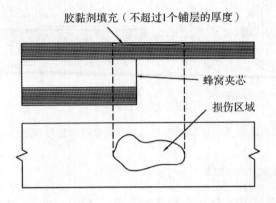

图 5-43　不超过 1 个铺层深度的蒙皮损伤永久性修理

2)蒙皮损伤不超过三个铺层的厚度。这种情况除用胶黏剂填充固化外,还需在表面覆盖一外铺层,再恢复表面涂层(见图 5-44)。

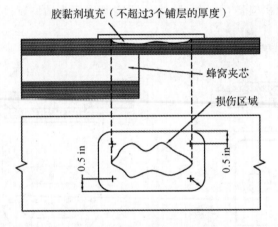

图 5-44　不超过 3 个铺层厚度的蒙皮损伤永久性修理

3)蒙皮损伤超过三个铺层厚度的埋头修理。这种情况可用室温固化湿铺层或预浸料热补的方法(见图 5-45)。

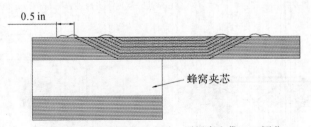

注:湿铺层先室温固化几小时,再用真空袋80 ℃固化1 h
预浸料热固化为120 ℃,铺层间用胶膜

图 5-45　超过 3 个铺层厚度的蒙皮损伤永久性修理

2.蜂窝夹层结构的修理

蜂窝夹层结构是容易出现损伤的构件。由于该结构的面板较薄,与蜂窝夹层有明显的胶接界面,故易发生面板分层、板芯脱胶、面板损伤及蜂窝塌陷等缺陷。

(1)面板中发生分层时,可采用抽钉铆接修理,如图5-46所示。面板和芯子出现脱胶时,可用注入胶黏剂固化的方法修理,如图5-47所示。

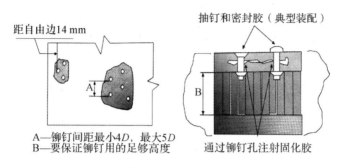

图5-46　蜂窝夹层板的分层损伤修理

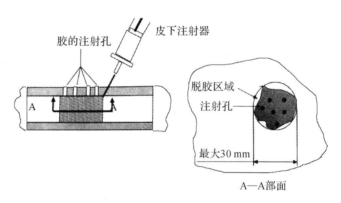

图5-47　蜂窝夹层板的板芯脱胶修理

(2)蒙皮与蜂窝芯体的平直表面损伤或蒙皮与蜂窝芯体的开胶直径大于30mm的修理方法。该方法是用预固化的复合材料内外加强件、空隙填充胶黏剂和胶黏剂进行修补,但要去掉少许芯体,如图5-48所示。

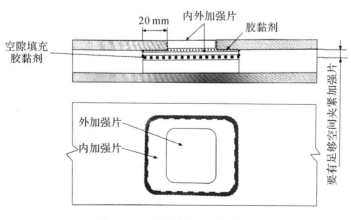

图5-48　预固化加强片的修理

（3）单侧蒙皮与蜂窝芯体的损伤直径小于 25 mm 的修理方法。将损伤的芯体去掉，蒙皮打磨成斜坡，用填充胶黏剂填补损伤蜂窝的空隙，外用复合材料加强补片胶接（见图 5-49），在 80 ℃的温度下固化 1 h。

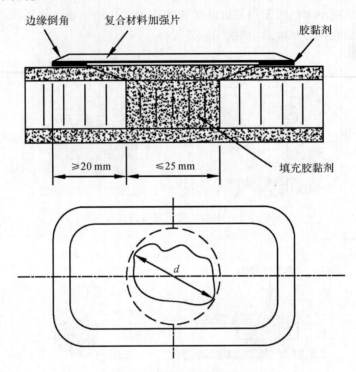

图 5-49　混合物填充的固化修理

（4）单侧蒙皮与蜂窝芯体的损伤直径大于等于 25 mm，可用热补法修理。如果只在表面加热，替换的芯体厚度不能超过 10 mm，否则热量传递不到以及固化不良。损伤面积及复合材料加强片如图 5-50 所示。

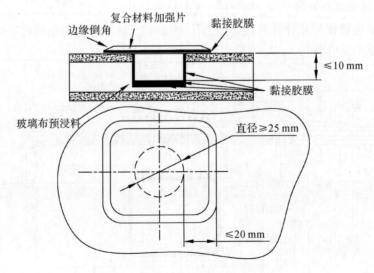

图 5-50　更换芯体的热补法修理

5.6.5　几种特殊损伤的修理

1. 边缘轻度分层损伤的修理

当分层损伤宽度小于或等于 0.5 in,并且到蜂窝芯的距离小于 0.5 in,可用如下的方法修理(见图 5-51)。

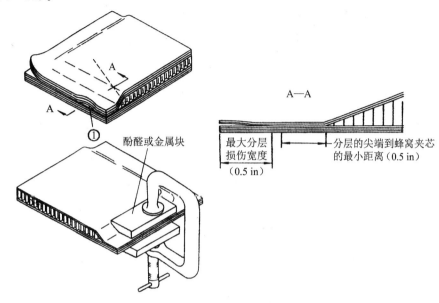

图 5-51　壁板边界分层损伤的修理

(1)清除分层内(图中①所指处)的污物和水分。

(2)向分层内注入树脂固化剂。

(3)按照图 5-51,将分层夹紧,并清除多余的树脂。

(4)按相应机型结构修理手册中规定的固化温度和时间进行固化。

(5)检查修理质量。

2. 蜂窝板小孔洞损伤的修理

当孔洞直径小于或等于 0.5 in 时,可用如下的方法修理(见图 5-52)。

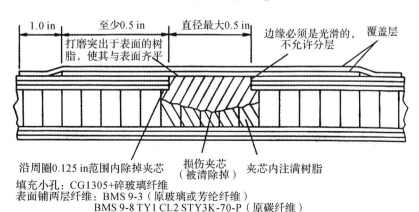

图 5-52　蜂窝壁板小孔洞损伤的修理

（1）使用粒度为 150 号或更细的砂纸清除保护带内的薄膜、损伤周围的涂层或导电层。

（2）清除损伤周围区域内的水分，使其彻底干燥。

（3）按要求清除损伤，并清除松动的碎屑和其他污物，并清洁干净该区域。

（4）尽可能多地向孔内注入树脂混合剂。

（5）按规定的固化温度和时间进行固化。

（6）打磨凸出表面的树脂，使其与周围材料的平齐度在±0.010 in 范围内。

（7）使用 240 号或更细的砂纸打磨修理区域周围的表面。

（8）清洁修理区。

（9）在修理区铺放两层纤维层，并进行固化和其他相应的修理工作。

3.蜂窝板或层压板边界紧固件孔损伤修理

若板上相邻的 10 个紧固件孔最少有 2 个紧固件孔有损伤时，允许采用下述的湿铺层室温固化修理（见图 5 - 53）。

（1）使用 150 号或更细的砂纸清除损伤周围区域上的漆层或导电层。

（2）清除损伤区域内的所有污物、水分，使其彻底干燥。

（3）按要求清除损伤，清除松动的碎屑和其他污物，并清洁干净该区域。

（4）将玻璃纤维树脂混合剂尽可能多地注入孔中（见图 5 - 53(c)）；或采用湿铺层方法修理（见图 5 - 53(b)）。

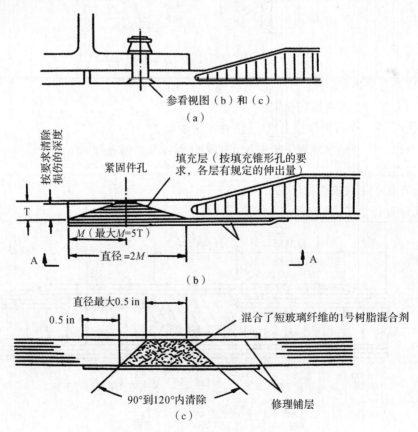

图 5 - 53　层合板紧固件孔边损伤的修理

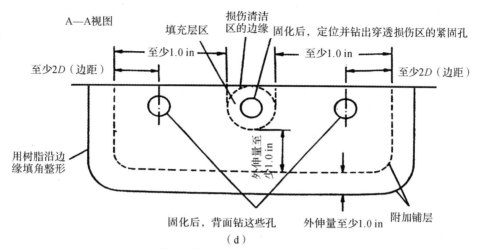

续图 5 - 53　层合板紧固件孔边损伤的修理
(a)层合板装配示意图;(b)湿铺层修理法;(c)注胶修理法;(d)湿铺层修理仰视图

(5)按规定的固化温度和时间进行固化。

(6)打磨凸出表面的材料,使其与周围材料的平齐度在 ±0.010 in 范围内。

(7)使用 240 号或更细的砂纸打磨修理区域周围的表面。

(8)清洁修理区。

(9)铺放附加纤维层(见图 5 - 53(a))。

(10)钻孔并锪窝。

注意:对于 350 ℉ 和 250 ℉ 的热修理,与上述室温固化修理方法会稍有不同。

4.表面凹坑损伤的修理

首先确认是否有分层和裂纹,如有则按照相应损伤的修理方法。确认没有其他损伤的情况下,按下列方法进行修理(见图 5 - 54)。

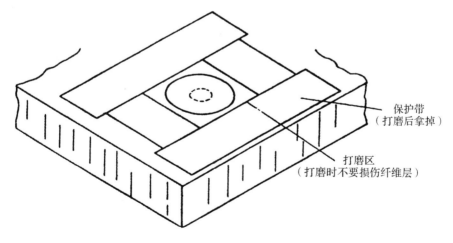

图 5 - 54　凹坑损伤的修理

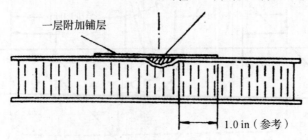

用CG1305树脂填平

表面铺层纤维：BMS 9-3（原玻璃或芳纶纤维）

BMS 9-8 TY1 CL2 STY3K-70-P（原碳纤维）

续图 5-54　凹坑损伤的修理

(1)清除损伤区域。

(2)用保护带隔离损伤区，注意使修理层有 1.0 in 的外伸量。

(3)使用 150 号或更细的砂纸打磨，清除损伤、碎屑和其他污物，并清洁干净。

(4)用树脂混合剂填平凹坑，树脂可稍高出周围表面。

(5)固化处理。

(6)用 150 号或更细的砂纸打磨齐平。

(7)清洁该区域。

(8)当采用湿铺层室温固化修理时，铺放一层纤维布(需超出填充区 2.0 in)。

(9)进行封装固化并恢复表面层。

5. 层压板损伤（直径 0.5 in 以上）

对于损伤直径在 0.5 in 以下的层压板，可按照图 5-53(c)的方法修理。而损伤直径在 0.5 in以上的层压板，可按照图 5-55 的方法修理。

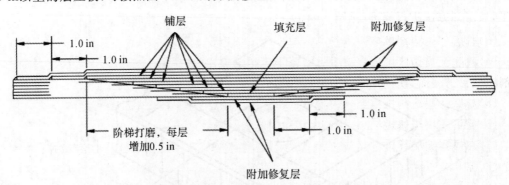

上下表面铺层纤维：BMS 9-3（原玻璃或芳纶纤维）

BMS 9-8 TY1 CL2 STY3K-70-P（原碳纤维）

图 5-55　层压板损伤(0.5 in 以上)的修理

6. 后缘雷击修理

对于副翼和襟翼的后缘遭受雷击的损伤，可按照图 5-56 的方法修理。

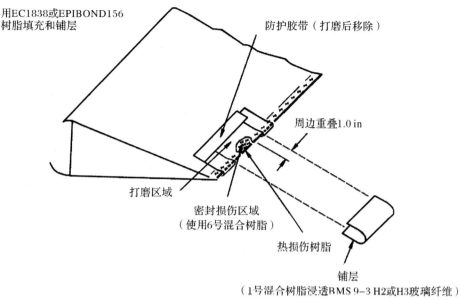

图 5 - 56　后缘受雷击的修理

7. 铝箔修理

铝箔层主要是铺在复合材料内表面,如空调舱门的内表面、发动机进气道内表面、发动机吊架结构蒙皮的内表面等。

铝箔层是一层薄铝,可以购买到成品。它的正面是铝层,反面是黏结面,经过处理呈黑色,铝箔层覆盖在复合材料层的表面。修理时用树脂把修理铝箔嵌入黏结到原铝箔层中,并在上面覆盖一层环型搭接层,以提供修理层与原铝箔层的导通。

当发现铝箔层损伤时,首先要确定损伤程度。如果损伤扩展到基础层,应先对基础层进行修理,再对损伤的铝箔层进行修理(见图 5 - 57),其步骤如下。

(1)用保护带隔离修理区域。

(2)通过剥离或打磨清除损伤的铝箔层,注意不要损伤底层玻璃纤维。

(3)打磨并用溶剂擦拭距损伤区域至少 3 in 范围内铝箔层上的底漆。

(4)清除至损伤区域边界至少 1.0 in 范围内的底漆,底漆斑点痕迹要小于 10%,打磨并用溶剂擦拭铝箔表面,使其处于"无水"状态。

(5)打磨并用溶剂擦拭裸露的复合材料表面,注意不要损伤基础玻璃纤维。

(6)剪下一块与修理区域形状、大小相同的铝箔片。

(7)在裸露玻璃纤维区域的表面上涂上树脂后,使铝箔片黏合侧向下铺放与原铝箔层对接(最大间隙 0.25 in),用浸渍 MEK 或相当溶剂的布向下按压,并清除多余的树脂。

(8)剪下拼接条,并把拼接条修整到与修理区域相适合。

(9)在所有与拼接条和覆盖层接触的铝箔表面涂一层化学转化层。

(10)把拼接条铺放在铝箔表面,保持拼接线每侧至少 1.0 in 的重叠量。(注:如有需要,也可以涂树脂,但不要过量。)

(11)把浸渍过树脂的覆盖层铺放在修理区域,要求所有的边要超出拼接条至少 1.0 in。

(12)铺放分离膜、透气布、加热毯和真空袋,按工艺要求固化树脂。

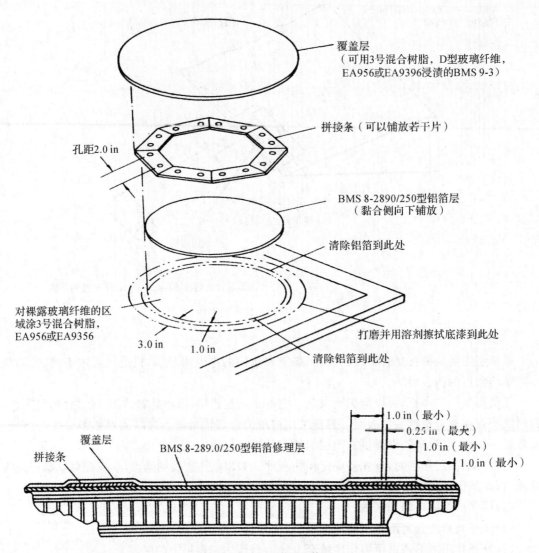

覆盖层
（可用3号混合树脂，D型玻璃纤维，
EA956或EA9396浸渍的BMS 9-3）

拼接条（可以铺放若干片）

孔距2.0 in

BMS 8-2890/250型铝箔层
（黏合侧向下铺放）

清除铝箔到此处

对裸露玻璃纤维的区域涂3号混合树脂，EA956或EA9356

3.0 in

1.0 in

打磨并用溶剂擦拭底漆到此处

清除铝箔到此处

拼接条

覆盖层

BMS 8-289.0/250型铝箔修理层

1.0 in（最小）
0.25 in（最大）
1.0 in（最小）
1.0 in（最小）

图 5-57 铝箔层的修理

8.金属黏结修理

金属黏结结构包含金属-金属的组合，也包含金属蒙皮-金属蜂窝芯的组合。飞机和发动机上用于结构黏结的金属材料主要是铝合金、不锈钢和钛合金，其中铝合金使用最多。

对于金属黏结结构，一般蜂窝结构使用缺陷或损伤，大多由外来物冲击或恶劣环境因素造成的，形状多种多样，不同的损伤形成应用不同的修理方法。一般修理程序为：检查确定损伤范围→确定修理方案→实施修理→恢复性能。

蜂窝夹芯结构常常采用叠层黏结修理（见图5-58）。叠层黏结修理用于损伤已深入到夹芯或贯穿整个结构的情况。首先彻底清除损伤区域表面的油漆、保护层和其他外来物质。用蘸丙酮的海绵或干净抹布涂抹待修理部位，并用干海绵或布反复擦拭，直到表面完全光亮为止。

清洗后，在待修理区域安装高速特形铣刀支架、刀头和样板，遵照面板和蜂窝夹芯结构特点确定切除损伤的方式,如阶梯切割、楔形切割或组合(阶梯和楔形)切割,如图 5 - 58 所示。特形铣与样板配合使用确保切除损伤部位所需的直径和深度。损伤切除后,对每一层切割面进行打磨。最后清洁工作面上的尘土、油污和打磨残留物。

调制黏合剂,并预制夹芯塞替换件、玻璃纤维布预浸片。

将替换芯塞均匀涂抹黏合剂,插入待修部位,并用塑料刮刀刮去溢出的黏合剂,固化 30～60 min,然后在清洗干净的工作面上,逐层黏结玻璃纤维预浸片。完成黏结后,在室温下固化至少 12 h。

具体的叠层黏结修理工艺规程必须参阅飞机厂家提供的技术资料。金属黏结修理常用以下 250 ℉和 310 ℉两种固化程序:

(1)250 ℉(胶膜:BMS 5 - 101 TY2 GR5;底漆:BMS 5 - 89 TY1)固化 90 min。

(2)310 ℉(胶膜:BMS 5 - 137 TY2 CL1 - EA9657;底漆:BMS 5 - 137 TY1)固化 300 min。

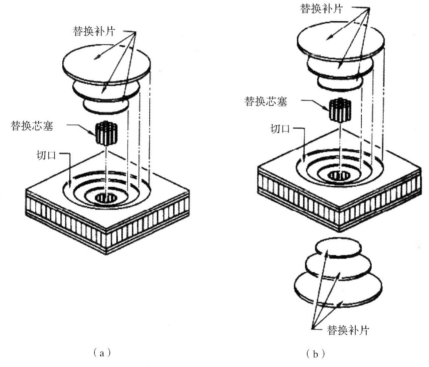

（a）　　　　　　　　　　　　　（b）

图 5 - 58　蜂窝芯叠层黏结修理

(a)单侧叠层黏结修理;(b)双侧叠层黏结修理

5.7　维　修　工　单

铺层修理是复合材料结构修理方法中最重要和最具有代表性的修理方法。复合材料结构的可修理损伤绝大多数需采用铺层修理法实施结构修理。铺层修理工艺中的一些工序在其他各种不同的修理方法中也都有应用,下面以复合材料的湿铺层修理为例,通过实作掌握复合材料的修理技能,任务内容见表 5 - 11。

表 5 - 11 复合材料的湿铺层修理任务单

任务名称	复合材料的湿铺层修理	页码:共 1 页/第 1 页		
项目	内　容		工作者	检查者
操作步骤	1. 准备工作 按要求检查所需设备和工具,准备修理材料。 2. 修理步骤 (1)准备修理表面,将损伤区域打磨出斜面形状,然后用丙酮等溶剂清洁修理表面。 (2)准备黏结剂,黏结剂在室温下应能有效固化。 (3)准备修理铺层,作为修理铺层使用的增强织物应有适当的厚度。 (4)在损伤区域采用湿法铺层(见图 5 - 59)。 (5)安装真空袋和电热毯。 (6)进行固化。可先在室温下固化几小时,再在真空压力最低 20 kPa、温度 80 ℃的条件下固化 1 h。 (7)除去真空袋和电热毯。 (8)除去隔离膜,用 200 号砂纸打磨,使修理区域与部件外形一致,然后用 400 号砂纸抛光。 (9)用溶剂进行擦拭、清洗。 (10)恢复表面涂层。 3. 结束工作 (1)清点工具、设备。 (2)清洁、整理工作现场。			
施工日期	完工日期		完工签署	

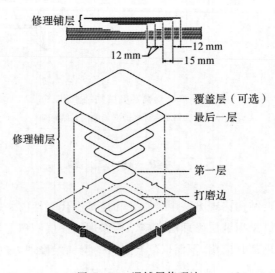

图 5 - 59 湿铺层修理法

复习思考题

1. 复合材料的定义是什么？
2. 简述先进复合材料的基本结构模式。
3. 复合材料具有哪些特性？
4. 简述碳纤维、硼纤维、芳纶纤维以及玻璃纤维增强材料的特点。
5. 简述复合材料中有机基体材料的常用种类及其特点。
6. 什么是预浸料？简述其特点。
7. 常见的蜂窝夹芯材料有哪些？
8. 复合材料的选用原则包括哪些方面？
9. 当复合材料临近保质期时，该如何处理？
10. 简述复合材料的存储和使用原则。
11. 复合材料常见的损伤类型有哪些？
12. 简述复合材料常见的无损检测技术，并说明其用途。
13. 复合材料结构的设计原则包括哪些方面？
14. 复合材料常用的修理方法有哪些？
15. 复合材料在制定修理方案时，应考虑哪些因素？
16. 依据损伤程度的不同，复合材料修理方法有哪些？
17. 复合材料结构修理常用的加热设备有哪些？
18. 复合材料结构修理时，有哪些安全要求？
19. 复合材料损伤的永久性修理有哪些方法？

第6章 飞机有机玻璃结构损伤与修理

6.1 飞机透明塑料

塑料是由高分子化合物(通常称为树脂)为主制成的一种人造材料,是由树脂、增塑剂、填料和颜料等组成的。其中主要成分为树脂,并起黏结作用,约占塑料质量的 40%～100%。塑料的优点是比重小、耐磨、绝缘、隔音,有很好的抗震性和抗腐蚀性,在一定温度和压力下具有塑性,容易制成所需要的各种形状,成型后,在常温下保持形状不变。塑料的性能主要取决于树脂的结构和性质,其机械性能不如金属材料,耐热性差。

1.塑料的类型

塑料分为热塑性塑料和热固性塑料两大类。

(1)热塑性材料。以热塑性树脂为主要成分,并添加各种助剂配制而成,在一定的温度条件下,塑料能软化或熔融成任意形状,冷却后形状不变,这种状态可多次反复而始终具有可塑性,且这种反复只是一种物理变化,这种塑料称为热塑性塑料。热塑性材料中分子链都是线型或带支链的结构,分子链之间无化学键产生,加热时软化流动,冷却变硬的过程是物理变化,这种过程是可逆的,可以反复进行,因此该类塑料应用最广。

(2)热固性材料。第一次加热时可以软化流动,加热到一定温度,产生化学反应——交链固化而变硬,这种变化是不可逆的,此后,再次加热时,就不能再变软流动,这种材料称为热固性塑料。热固性塑料正是利用第一次加热时的塑化流动,在压力下充满型腔,进而固化成为确定形状和尺寸的制品,借助这种特性进行成型加工。热固性塑料一旦模压成型冷却后,再加热不会变柔软,也不能再加工成型。

2.航空常用的透明塑料

用于飞机风挡和机身两侧窗口的透明塑料有两种,一种是醋酸纤维素,另一种是丙烯酸塑料。两者均属于热塑性塑料。

(1)醋酸纤维素。由于质量轻、透光性好以及成本低,醋酸纤维素多用于早期飞机上。由于它的制成件尺寸不稳定,使用一段时间后会变黄,后来逐渐被丙烯酸塑料代替。

(2)丙烯酸塑料。目前,航空用的透明材料大多采用丙烯酸塑料。由丙烯酸塑料制成的构件透光性更好,尺寸较稳定,刚度大大高于醋酸纤维素。其强度和延伸率也满足飞机的使用要求,并能容易模压成所需要的流线形,不产生透明失真现象。

飞机上使用的透明塑料分为单层和多层形式。单层塑料是一种简单、实心和具有匀质性的板材,多层塑料则是在几层塑料板之间夹以内层材料黏结而成的。用多层透明塑料制成的透明件与单层塑料透明件相比,具有较高的抗粉碎性能,对快速减压也有较大的阻抗,多用在现代飞机的增压舱内。

3.飞机对透明塑料的性能要求

(1)透明性。

飞机透明塑料要求具有与优质玻璃一样好的透光性能,这对于飞机风挡和窗口玻璃来说十分重要。

(2)热膨胀系数小,热稳定性好。

在飞机使用过程中,透明件要承受地面严寒气候和高空低速巡航时的低温作用,也要承受地面太阳辐射和低空高速飞行气动加热造成的高温作用,另外还要承受下降、爬升、加速和减速造成的瞬时温度急剧变化。因此,飞机透明塑料的热膨胀系数必须小于机身条件要求的规定值,以保证透明件尺寸的稳定性。

热稳定性是保证透明塑料在温度变化时,不产生气泡、银纹或其他缺陷。

(3)良好的成形性。

风挡玻璃和窗口玻璃都是机体的外表面,应保持与机体外形相吻合的流线形,特别是风挡玻璃的形状更为复杂。因此,飞机透明塑料材料应满足技术条件中对成形性的要求,能容易地模压成所需要的流线形,并且不能有任何透明失真的现象。

(4)具有一定的拉伸强度和延伸率。

在使用过程中,透明件要承受局部气动载荷和鸟撞产生的冲击载荷。因此,飞机透明塑料材料的拉伸强度不应低于技术条件中的要求值,断裂前的延伸率也不能低于要求值。

(5)便于维护和修理。

6.2　有机玻璃的性能

有机玻璃(PMMA)又叫明胶玻璃、亚克力,是飞机上应用较多的一种透明塑料。它由甲基丙烯酸甲酯单体与其他改性剂经本体聚合而成,是一种无色透明的热塑性塑料。航空用的有机玻璃主要品种有:增塑的浇铸有机玻璃,如 YB-2,YB-3;共聚的浇铸有机玻璃,如 YB-4;不增塑的定向有机玻璃,如 DYB-3,MDYB-3;增塑的定向有机玻璃,如 DYB-2;共聚的定向有机玻璃,如 DYB-4,MDYB-4。

有机玻璃常用来制造飞机驾驶舱风挡玻璃件、座舱盖及机身两侧观察窗玻璃件。这些透明件的安全可靠性直接影响到飞机的使用和安全,是飞机上的关键部件。

1.有机玻璃的优点

(1)透光性好,其透光率达 91%～93%。

(2)密度小、强度高。

航空有机玻璃质轻而坚韧,密度约为 $1.18\ kg/cm^3$,抗拉强度大于 63.6 MPa,压缩强度大于 127.4 MPa,静弯曲强度大于 117.8 MPa,能够满足飞机结构材料的要求。

(3)良好的热塑性、加工性能和耐气候性能。

有机玻璃是无定型的均质塑料,表面便于磨平和抛光,可用各种机械加工方法进行加工。加热到一定温度后,有机玻璃逐渐软化变成高弹态,可利用模具、夹具获得各种复杂的几何形状,冷却后几何定形。另外,有机玻璃耐腐蚀、老化等性能比其他透明塑料优越。

（4）与普通玻璃相比，脆性小，受振动时不易出现疲劳裂纹而碎裂，安全性好。

2.有机玻璃的缺点

（1）表面硬度不高，一般布氏硬度值为170～250 MPa，容易引起划伤、擦伤。

（2）对缺口和应力集中敏感，抗裂纹扩展能力不好。

有机玻璃在低温、室温下属于脆性材料，对缺口和应力集中比较敏感，耐疲劳性能不高，抗裂纹扩展能力不好。材料边缘一旦生成裂纹，容易产生脆性断裂。

（3）热膨胀系数大，导热性差，容易形成热应力，产生银纹。

有机玻璃零件安装在金属框架内，由于其膨胀系数大，容易产生应力集中。当温度急剧变化时，在有机玻璃的表面层和内层之间，会形成很大的热应力，并使玻璃表面出现细微的裂纹。这种细微的裂纹，因其在光照下呈现银色光泽，故称为"银纹"。银纹不但会降低透光率，还会引起强度和塑性的下降。

（4）材料性能受温度影响大。

有机玻璃的拉伸强度、弯曲强度、弹性模量随温度升高而迅速降低，而延伸率和韧性随温度升高而明显提高。当温度过高时，会使有机玻璃分子发生裂变。裂变后，玻璃表面鼓胀起泡，颜色变白，通常称为"发雾"，导致玻璃透明度大大降低。当温度降低时，有机玻璃的强度和硬度增大，但脆性也加剧。在0 ℃以下，有机玻璃拉伸断裂通常表现为脆性断裂。

（5）不导电，受摩擦后易变成高静电体。

（6）大气和环境对其性能有影响。

在大气中长期暴露时，容易受、热、光、潮湿等因素影响，易老化。有些溶剂比如香蕉水、丙酮、甲苯等对有机玻璃的侵蚀作用很大，如果沾上这些溶剂，表面很快会因溶解变得不光滑、不平整，使其"发雾"，透明性变差。酒精能使有机玻璃溶胀，在空气中收缩时开裂，形成"银纹"。

6.3　飞机有机玻璃的损伤检查与修理

飞机有机玻璃的损伤种类较多，常见的有断裂、裂纹、银纹、气泡、脱胶、彩虹、划伤、发雾和发黄等各种外伤、折光缺陷。下面着重介绍几种常见损伤的检查与修理。

6.3.1　划伤的检查与修理

有机玻璃表面上产生的划伤和擦伤可采用目视法和直尺测量法进行检查。

当划伤的数目、长度和深度大于规定要求时，应采用打磨和抛光的方法排除。打磨时一般是先粗磨，后细磨。粗磨用粒度号较低的砂布、砂纸，细磨用粒度号较高的水砂纸或金相砂纸打磨，并酌量浸水。并根据划伤和擦伤的深度采用正确有效的打磨方法。

（1）打磨前：先用30～40 ℃的中性肥皂水洗净有机玻璃表面；后根据划伤、擦伤的深度，采用不同的打磨方法。如果划伤、擦伤的深度较深，先粗磨，后细磨，最后抛光；对于较浅的划痕，可用脱脂棉沾2号有机玻璃抛光膏打磨，恢复有机玻璃的透光性能。

（2）打磨时：压力不宜过大，打磨范围应大于划伤范围，并在不同的位置作圆周运动，如图6-1所示。避免局部过热，产生应力，引起银纹；或者局部磨耗过多，产生折光现象。用水砂纸打磨时，可把水砂纸固定在橡胶皮板上，手压橡皮板进行打磨，使压力均匀分布在打磨面上。

（3）打磨后：打磨面必须清洁干净，防止腐蚀；还应检查主视区有无折光现象。

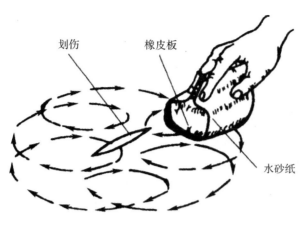

图 6-1　有机玻璃的打磨

6.3.2　开胶的检查与修理方法

不论是丙烯酸脂胶还是密封胶,长期使用后都会有老化现象,胶的弹性降低会出现碎裂、脱落现象。如不及时修理,损伤处易沾上污物或进入雨水等,加速胶的变质,严重时影响黏结强度和座舱的气密性,危及飞行安全。

1. 开胶的检查

有机玻璃与涤纶带的黏合处开胶时,会出现两个胶接界面的现象,胶接界面颜色稍有发白并有微弱的闪光部位,就是开胶的部位。这是因为空气进入了座舱盖玻璃与涤纶带的夹层中所致。当外侧开胶时间较长时,会有较明显的水痕。检查开胶的方法有三棱镜检查法、测量上移量法、扒胶检查法三种。

(1)三棱镜检查法。在光线充足的地方,用脱脂棉擦净有机玻璃,并用毛刷沿黏贴三棱镜部位涂一层甘油,三棱镜 BB′棱紧靠 XM-16 胶上缘,使 AA′B′B 面与有机玻璃外表面紧密贴合,如图 6-2(a)所示,通过 AA′C′C 面以适当的角度观察内侧涤纶带的黏结情况。检查后用脱脂棉蘸清水将玻璃上的甘油擦净。三棱镜的尺寸如图 6-2(b)所示。

原理说明:当不使用三棱镜时,DE 面的胶接状况难以看到,因为在观察侧小角度入射的光线产生了全反射,即没有在有机玻璃内形成折射,所以光线不能到达欲观察的位置,就不能沿 EB 方向检查到内部的状况。当使用三棱镜时,从 JB 方向入射的光线经三棱镜,可以在不改变方向的情况下到达有机玻璃内的 DE 面,就能够观察到内部的胶接状况。

注意:

1)三棱镜的截面必须是锐角三角形,三个角度最好不一样,以便观察和调整贴合面及观察面。

2)涂甘油是为了使玻璃与三棱镜紧密贴合,消除全反射的条件,故应保证甘油均匀。

3)当三棱镜放在有机玻璃弧形内表面时,同样可以观察到涤纶带的开胶状况,但受玻璃弧度的影响,视线不易进入 AC 的位置,可以用反光镜配合检查。

(2)测量上移量法。检查座舱盖等有机玻璃的气密性时,可测量玻璃相对两侧骨架的上移量,一般不超过3 mm,如发现上移量突变,再用三棱镜仔细检查。

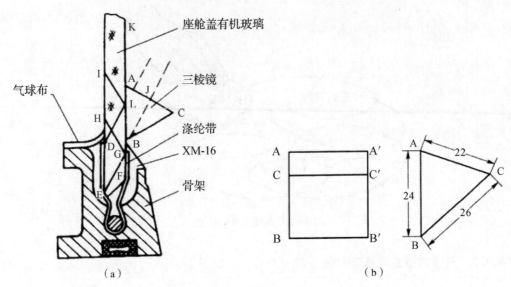

图 6-2　三棱镜检查法

(a)三棱镜的使用；(b)三棱镜的尺寸

(3)扒胶检查法。当座舱盖等有机玻璃用目视或三棱镜检查发现严重老化、开胶时，需扒开外侧保护带和内侧腻子进行检查。

扒胶时，用一字螺刀从一端沿水平方向逐渐移动，注意避免涤纶带受伤或造成人为的开胶。检查时，用手指按压涤纶带察看有无变形、鼓动；涤纶带上边缘是否开口。

2.开胶后的修理

当有机玻璃舱盖与涤纶带开胶时，需要根据脱胶的具体情况，确定其修理方法。

(1)轻微的、局部的脱胶，对其胶合强度影响不大时，可在脱胶的局部灌注丙烯酸脂胶液，使其重新黏合。

(2)当开胶长度或深度较大时，可采用胶补加强带的方法进行修理。胶补加强带的具体步骤如下。

第一步：准备工作。将有机玻璃舱盖拆下放到托架上，剥去外侧的 XM-16 聚硫型室温硫化密封胶和内侧的航空气球胶布。用 00 号砂布打磨，用脱脂棉沾汽油擦净打磨处。在高出旧涤纶带 16～19 mm 处的有机玻璃上(见图 6-3)，贴宽度为 30～40 mm 的 9100-δ0.4 密封胶布，用以防止涂胶时刷在不需要黏合的部位。

第二步：配制丙烯酸酯胶。胶的用量约 300～500 g，并应在 1.5～2 h 内用完。

第三步：胶补加强带。用电烙铁将涤纶带浇割成宽度为 30 mm 的加强带，应选用涤纶带(涤纶带的编织中间是平纹，两边是锻纹，宽度 105 mm)的锻纹部分，以便胶液容易渗透。用毛刷在加强带和有机玻璃的黏合部位涂胶，停放 10 min，把加强带贴在有机玻璃黏合处，一半与原有的涤纶带黏合，一半与有机玻璃黏合。在加强带外面再涂刷一层胶液，用 G 型夹和两块垫板夹紧，如图 6-4 所示(注：垫板上应有一层塑料薄膜，以防垫板被黏)。

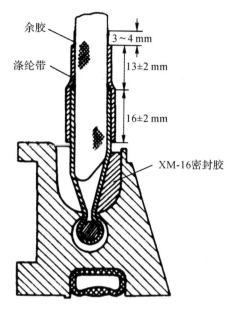

图 6 - 3　胶补加强带示意图

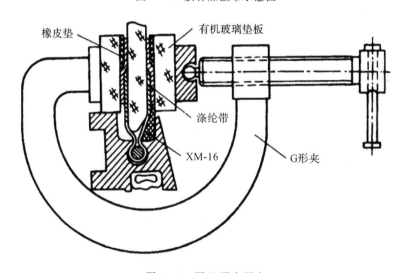

图 6 - 4　用 G 形夹固定

第四步：加热固化。将有机玻璃舱盖放到 $50\sim60$ ℃（或胶的使用说明）的电烘箱内加温 4 h,使胶液固化,然后卸下垫板。

第五步：在外侧涂 XM - 16 密封胶保护层,用 XY - 401 胶黏贴航空气球胶布。

6.3.3　有机玻璃裂纹的检查与修理

1.裂纹产生的原因

有机玻璃的裂纹,一般是在材料某一部分存在拉应力的情况下产生的。当局部拉应力小于材料的强度时,不会出现裂纹;当局部拉应力超过材料的强度时,就会出现裂纹。有机玻璃在使用过程中可能会承受以下几种应力：

(1)舱内外静压差和局部空气动力压差所引起的应力。图 6 - 5 为某飞机活动座舱盖的受力图,由于座舱内外静压差引起的是均布载荷,它的受力情况与薄壁容器的曲面在内压作用下的受力情况相似,故作用在舱盖上的均布载荷构成合力 P,指向后上方。在内外压力差的作用下,整个舱盖沿纵、横截面均要承受拉伸应力,且纵截面上的拉伸应力比横截面上的大。金属骨架则受到有机玻璃传来的载荷,并与滑轮、锁钩处的反作用力平衡。由于活动盖是靠滑轮安装在机身上,所以整个活动盖会产生纵向和侧向弯曲,如图 6-6 所示。

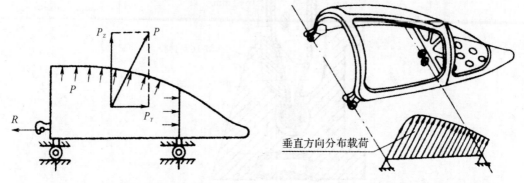

图 6-5 活动座舱盖的受力情况 图 6-6 活动座舱盖的纵向弯曲

另外,活动盖承受内外压力差时,还会产生横向弯曲。圆弧形的有机玻璃在内压的作用下,其半径有均匀增大的趋势,由于活动盖两侧下缘与金属骨架相连,限制了有机玻璃半径的增大。因此,有机玻璃两侧的下缘就会受到向内的作用力 P',如图 6-7 所示。在 P' 的作用下,有机玻璃会产生横向弯曲。

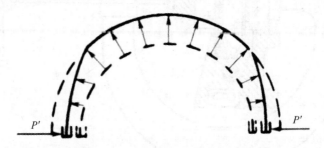

图 6-7 活动座舱盖的横向弯曲

(2)空中温差引起的应力。由于有机玻璃导热性差,热膨胀系数大,当温度变化时,容易产生较大的温差应力。

当飞行速度不大时,有机玻璃外表面会与大气接触,外表面温度也接近于大气温度,并随着飞行高度的增加而降低。而玻璃内表面由于座舱加温,温度较高,从而形成有机玻璃内外表面的温度差。温度高的内表面,会产生较大的膨胀;温度低的外表面,则产生较小的膨胀。结果使有机玻璃外表面承受拉伸应力,即温差应力。

(3)装配应力与残余内应力。有机玻璃的裂纹,有时与装配应力和残余应力有关。如玻璃与骨架贴合不好,或螺栓孔不正而强行装配,都会造成装配应力,当装配应力达到一定的数值时,容易产生裂纹。有机玻璃经热处理后,如应力未能完全消除,就会形成残余内应力。

2.裂纹深度和长度对有机玻璃的影响

有机玻璃内部存在裂纹时,裂纹深度对有机玻璃强度起着直接的影响(见表 6-1)。

表 6-1 新旧 YB-2 型有机玻璃裂纹深度对其强度的影响

有机玻璃类型	裂纹深度/mm	抗拉强度/MPa	抗拉强度下降率/(%)	冲击韧性/MPa	冲击韧性下降率/(%)
新的 YB-2	0	74	0	1.3	0
	1	64.2	14	0.77	40
	1.5	58.9	21	0.59	54
	2.1	53.4	28	0.46	65
	2.5	45.6	40	0.39	70
使用 550 h 的 YB-2	0	> 70	—	> 1.2	—
	1	44	40		—
	3	20	70		—

从表 6-1 可以看出：

(1)对于无裂纹的老化 YB-2 有机玻璃,与新的有机玻璃相比,强度下降不明显。

(2)有机玻璃的强度随着裂纹深度的增加而降低。例如,新 YB-2 玻璃当裂纹深度为 1 mm 时,抗拉强度降低了 14%,冲击韧性下降更大,达到 40%。

(3)当裂纹深度相同时,长期使用的有机玻璃比新的有机玻璃强度下降更多。例如,使用 550 h 的有机玻璃,当裂纹深度为 1 mm 时,抗拉强度下降了 40%,比新有机玻璃在同样裂纹深度下的抗拉强度多降低 26%。这是由于老化后的有机玻璃发脆,其裂纹对应力的敏感性较大所造成。

除了裂纹深度外,裂纹的相对长度对有机玻璃的强度也有着一定的影响。在裂纹深度相同时,随着裂纹长度的增加,强度也会逐渐下降。

3.有机玻璃裂纹的检查与处理

裂纹深度对有机玻璃的强度影响比较显著,因此在确定使用技术条件时,对裂纹深度提出了不同的要求。常采用读数显微镜测量法、目视直尺测量法来测量裂纹的深度。

目视直尺测量法如图 6-8 所示,主要用于测量深度尺寸较大的裂纹,或者检查深度尺寸要求精确度不高的故障。该方法的优点是简单、方便,缺点是误差较大、精度不高。

一般来说,当发现有机玻璃上出现轻微裂纹时,一定要认真分析,判断出裂纹产生的原因,及时处理。

(1)有气密性要求或关键部位(如风挡玻璃)的有机玻璃出现裂纹时,为确保飞机的飞行安全,要及时进行更换处理。

(2)非关键部位(如装饰面板)的有机玻璃或塑料件出现裂纹时,可参照图 6-9 的方法修理,其步骤如下。

1)在裂纹两个末端各钻 1/16 in 的止裂孔。

2)用金属刀片去除裂纹区域的材料,直到裂纹宽度大概等于工件的厚度。

3)用砂纸打磨修理表面,再用 TT-N-95 石脑油溶剂清洁。

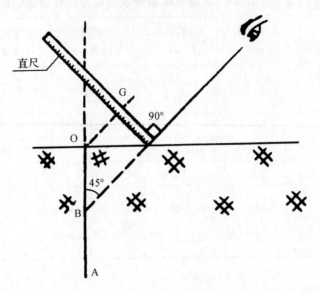

图 6-8　目视直尺测量法

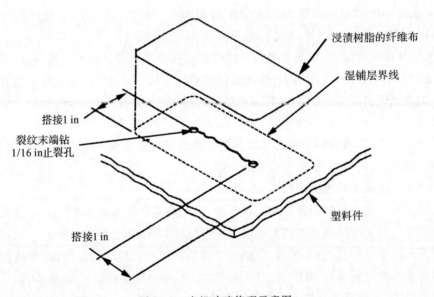

图 6-9　有机玻璃修理示意图

4）混合塑料胶 EE1067/HY3561，并填充裂纹空隙。

5）待塑料胶固化变硬后，打磨平整。

6）用 EE1067/HY3561 塑料胶浸渍 BMS 9-3 玻璃纤维布。

7）在修理区域铺贴预先浸渍了塑料胶的 BMS 9-3 玻璃纤维布。

注意：为保证外观平整，尽量在非装饰面（内表面）铺层；纤维布的厚度不能小于裂纹区域工件的厚度，如单层纤维布厚度达不到，可采用逐层缩进 0.5 in 搭接的方法达到这一厚度。

8）胶固化后，用砂纸打磨平滑修理表面。

6.3.3　银纹的检查与修理

1.银纹产生的原因

线型聚合物有机玻璃在一定的拉伸载荷作用下,经过一段时间,其表面(有时也在内部)会出现银纹。银纹的数目和平均尺寸最初随时间的增长而增加,不过银纹数目很快就达到某个极限值,而平均尺寸则一直在增长。这种银纹的特点是各个银纹平面都与拉伸载荷的方向(即正应力方向)相垂直。由于这种银纹有方向性,常称为"有序银纹"。如果有机玻璃试件受压缩载荷作用,则不会出现银纹;受纯弯曲作用时,则银纹只会出现在受拉的一侧。

有机玻璃的银纹在没有外载荷作用的条件下也可能出现。比如含有 10％增塑剂的有机玻璃吸收溶剂(如丙酮、脱漆剂等)后也会产生银纹。这种银纹没有一定的方向,是杂乱排列的,称为"无序银纹"。只有有机玻璃存在内应力时,溶剂的吸收才会使玻璃产生银纹。因此,无序银纹正是反映有机玻璃中内应力的无序分布。

由以上分析可以得出:

(1)在银纹的产生过程中,最根本的影响因素是拉伸应力的作用。

(2)当拉伸应力是由外载荷直接作用引起的银纹是有序的,银纹方向与载荷方向垂直,这种银纹又称为应力银纹;当银纹不是外载荷直接作用产生,而是在溶剂的浸蚀下产生的,称为溶剂银纹。

(3)有机玻璃在实际使用中,往往要受到不同因素的综合作用,特别经常遇到的是外载荷和溶剂(或其蒸汽)的同时作用。这种银纹称为应力-溶剂银纹。应力-溶剂银纹的有序程度取决于外加应力值和试件中原有内应力值的比例。

银纹在外观上很像一般的裂纹,低分子液休可以进入银纹中。在有银纹的玻璃表面上滴上一滴用酒精稀释了的墨水时,过一段时间,可以看到墨水渗入银纹腔内,而银纹被染上了色。

拉伸载荷作用下产生的银纹,当去掉载荷后银纹可以长时间保留下来。但是,加热到软化温度以上,或者在垂直于银纹的方向加以很大的压缩载荷,银纹就可以变得看不见,玻璃似乎"痊愈"了。不过重新加载时,银纹又会再现。银纹如果是在玻璃的老化过程中产生的,则不会有上述的"痊愈"现象。因此,银纹并不是真正的破坏裂纹。

银纹的产生和增长与垂直于拉伸方向的高分子链的分离有关,并且在产生银纹的部位,高分子链在载荷作用下,被迫产生高弹性变形,沿受力方向排列起来,这些高分子链使银纹缓慢发展。当加热到有机玻璃软化温度以上时,高弹性变形的高分子链缩短而恢复原状,于是就将银纹拉紧闭合,玻璃就恢复到以前的透明程度。

由此可知,银纹和破坏裂纹具有以下 3 点基本的差别。

(1)银纹在玻璃剖面上可以发展到较大的尺寸,并不立即引起玻璃的断裂;而缓慢发展的裂纹不可能达到这样大的尺寸。

(2)银纹在玻璃再加温时,有痊愈的现象;而一般破坏裂纹却不具有这种性质。

(3)在固定的拉伸载荷作用下,银纹一直是以恒速发展;而裂纹在这种条件下的发展却是加速的。银纹的发展速度取决于有机玻璃的平均应力,裂纹的发展速度取决于裂纹尖端处的应力。

因此,不应当把有机玻璃的银纹和破坏裂纹混为一谈,也不应当把它们之间的差别绝对化。

2.银纹的处理

银纹的出现,虽然对有机玻璃的强度影响较小,但是银纹会使有机玻璃产生折光,使透光率降低,影响飞行员的视线,所以,在修理工作中必须对银纹给予重视。分析有机玻璃产生银纹的原因,是为了更好地指导修理工作中如何防止银纹的产生。

例如,更换客舱有机玻璃时,必须正确安装,每个螺栓拧紧程度要一致,以减小装配应力。飞机喷漆时,必须在有机玻璃上糊好保护纸,防止油漆中的有机溶剂浸蚀有机玻璃。在飞机上工作时,禁止工作灯、电烙铁等接近有机玻璃,以免局部过热而产生应力。用抛光膏打磨有机玻璃后,必须清洗干净。

总之,在修理工作中要采取各种措施,防止有机玻璃产生银纹。而对已发现的银纹处理也必须注意其数量界限,否则可能把能用的客舱有机玻璃当成废品,造成浪费;或者把不能用的有机玻璃当成可用的,影响飞行安全。

复习思考题

1.航空透明塑料有哪几种?简述其各自的特性。

2.飞机对透明塑料的性能要求有哪些?

3.简述有机玻璃的优缺点。

4.飞机有机玻璃常见的损伤有哪些?

5.飞机有机玻璃划伤的检查方法有哪几种?

6.简述飞机有机玻璃开胶的检查及修理方法。

7.飞机有机玻璃产生裂纹的原因有哪些?常采用哪些检查方法?

8.简述飞机有机玻璃银纹产生的原因。

9.简述飞机有机玻璃银纹与破坏裂纹的差别。

第 7 章　飞机其他结构损伤与修理

7.1　飞机密封结构修理

飞机上的密封结构包括气体密封结构和液体密封结构。现代大多数固定翼飞机的机身增压舱属于气体密封结构,结构油箱属于液体密封结构。各种机型的飞机其密封结构都有严格的密封要求,如果密封结构发生渗漏现象,将会危及飞行安全,后果不堪设想。因此,对于密封结构的损伤,必须采用密封修理,除了保证结构的强度、刚度等性能之外,还要保证密封结构在使用条件下的密封性。

7.1.1　密封剂分布的结构形式

按密封剂在结构上分布的位置分类,密封形式有缝内密封、缝外密封、表面密封、混合密封和紧固件密封五种形式。

1.缝内密封

在两个零件贴合面之间涂敷密封材料的密封方法称为缝内密封(见图 7 - 1)。缝内密封可在贴合面涂密封胶、铺密封胶膜或者铺腻子布密封。

缝内密封还包括沟槽注胶密封和沟槽敷设密封。

(1)沟槽注胶密封是在一个零件的贴合面上制有沟槽,并往沟槽内注密封剂密封的一种方法。

(2)沟槽敷设密封是在零件贴合面制有的沟槽内敷设胶条或胶圈进行密封。

2.缝外密封

在两个相连零件的接缝外涂敷密封材料的密封方法称为缝外密封(见图 7 - 2)。缝外密封可在接缝处涂密封胶密封,也可在接缝处刮腻子或铺腻子布密封。

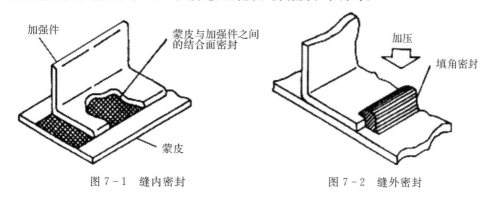

图 7 - 1　缝内密封　　　　　　　　图 7 - 2　缝外密封

3.表面密封

将稀释的密封剂喷涂或刷涂在密封区表面的密封方法称为表面密封。

4.混合密封

两种或两种以上密封形式同时使用的密封方法称为混合密封。

5.紧固件密封

紧固件密封是指在铆钉、螺栓等紧固件上附加密封剂、密封元件或者自身能起密封作用的密封方法。

7.1.2 密封结构渗漏的排除

1.渗漏的原因

结构的密封性能与选用的密封剂、所设计的结构形式、结构的刚度、密封缝隙的尺寸大小和形状、以及施工方法等有密切关系。

密封修理过程中,任一施工环节不正确都可能造成渗漏,例如密封面清洗不彻底、密封面准备不正确、密封剂调制不当或贮存超期以及实施密封工序的操作不正确等。另外,密封剂老化、构件受力过大以及结构变形都会造成渗漏。另外,在施工中应尽量减少接缝的宽度,例如适当增加结合面的紧力或提高被连接件的平整度,控制钉与孔间的配合公差等。

2.渗漏排除方法

对渗漏排除的操作要点及注意事项如下。

(1)首先应分析渗漏原因,查找出漏源,然后有的放矢地进行修理。

(2)修理用的密封剂必须与旧密封剂相容。

(3)铲除失效的密封层时,不应损伤原结构。结构表面的氧化膜损伤时,应用冷氧化液处理后再进行密封。

3.缝内密封渗漏的修理

对于缝内密封渗漏,如果渗漏范围不大,在贴合面密封可能的渗漏位置,增加铺设缝外密封胶,使损坏的贴合面密封层与密封介质隔离,如图7-3所示。

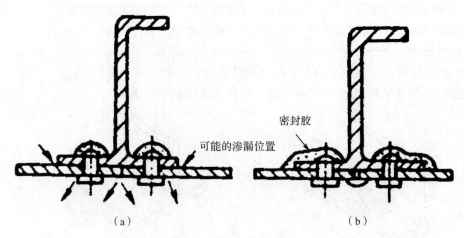

（a）　　　　　　　　　　　　（b）

图 7-3　轻微渗漏的修补

(a)修补前;(b)修补后

如果是较大的渗漏故障,则需分解已密封的结构,清洗贴合面,重新密封。分解的方法及步骤如下。

(1)清除缝外密封胶。用刀将原密封剂切至距零件表面约 3 mm,然后用浸泡过脱胶剂的白布或脱脂棉覆盖在密封胶上,待胶起皱后将其清除。

(2)分解紧固件。如果需分解铆钉,可钻掉铆钉头,冲出钉杆;若需分解螺栓,应先拧下螺母,用脱胶剂溶解螺栓孔和结合面上的密封剂,然后打出螺栓。

(3)用刮刀分解零件。

(4)用脱胶剂将所用的密封胶清除干净,允许结合面上有密封剂的斑点状痕迹。

如果是在结构下陷处的渗漏,可用钩状铁丝或小的切割工具,清除旧密封剂,将残胶清理干净,然后重新注射密封剂。

4.缝外密封渗漏的修理

(1)局部密封不良的部位,如果密封层黏结良好,可以只进行局部切割清除,然后补涂密封剂,并将其与原密封剂搭接处加以整形。

(2)对尺寸不够的缝外密封剂表面应进行清洗,补涂密封剂并重新整形。

(3)如果密封层的黏结不良,未黏在密封面上,则用锋利的塑料或硬木工具清除密封不良的密封剂,直到露出结构金属表面,两端的密封剂应切成斜面,涂敷密封剂使新旧密封剂连续搭接,整形应光滑,避免截面突然改变,如图 7-4 所示。

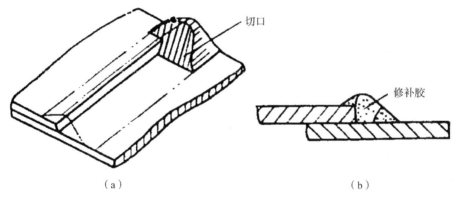

图 7-4　缝外密封剂清除修补的形状
(a)切口形状;(b)补胶后的外观

5.紧固件密封的修理

(1)若紧固件密封的渗漏不严重,修理时可以使用专业压胶工具,由结构外侧钉孔周围注射密封剂。

(2)若是紧固件端头注胶密封渗漏,应清除包裹紧固件的密封剂层,使紧固件与结构金属表面完全露出,清洁后重新密封。

(3)若是密封罩密封渗漏,应用切割工具切开罩盖下部及周边,与结构完全分离,用钳子取下密封罩,切除紧固件上剩余密封剂,清洁后重新密封。

6.注射排漏法

当结合零件的剩余强度较大、漏源清楚而且集中部位少时,可采用注射排漏法。即在渗漏部位钻孔,清洗后往孔内注射密封胶。

7.1.3　密封试验

密封结构装配和密封工作完成后,按设计要求,需做各种密封试验,即气密结构的气密性试验、油密结构的气密性试验、充气油密试验、停放油密试验、振动试验和晃振试验、水密结构的浸水试验和淋雨试验,以确保结构密封的可靠性。各种密封试验应参照有关的规定和程序进行。

7.2　飞机橡胶结构修理

在对某些构件进行密封时,可根据其结构形式采用特定的密封制件进行密封。这类特定的制件能大大提高工作效率和密封质量,因此将它定义为密封元件。

飞机上的密封元件有密封螺栓、密封螺帽、密封铆钉、垫圈、胶圈、胶垫、胶套、管、胶绳、灯的接线端、连接条、断路器、开关、变压器、硬线、胶球以及各种不同剖面形状的胶型材等。

7.2.1　橡胶的种类

橡胶可分为天然橡胶和合成橡胶。天然橡胶主要是从橡胶树等植物中提取的,合成橡胶是用煤、石油、天然气等原料合成的。

1.天然橡胶

天然橡胶是一种以聚异戊二烯为主要成分的天然高分子化合物,其弹性、绝缘性和密封性良好。天然橡胶的弹性受温度的影响大,温度升高,其塑性变形增大,逐渐失去弹性变成塑性物质;温度过低,也会变脆、变硬。另外,天然橡胶的强度小,在煤油、汽油中易溶胀和溶解、老化。因此,天然橡胶不适合直接制造零件,是橡胶制品的原料。

2.合成橡胶

合成橡胶是用化学方法,把低分子化合物聚合而制成的一种高分子化合物,主要品种有丁苯橡胶、丁腈橡胶、丁基橡胶、氯丁橡胶等。由于合成橡胶具有优良的耐热性、耐寒性、防腐蚀性,且受环境因素影响小,因此在航空领域中得到广泛应用。

7.2.2　橡皮材料

橡皮是在橡胶中加入了硫化剂、防老化剂、添加剂等配料的材料。橡皮具有良好的绝缘性和密封性,能在很大的温度范围中保持弹性,在煤油、汽油等溶剂中不会溶解,且强度和抗老化能力也远超过橡胶。

橡胶材料广泛应用于飞机上,例如在图7-5中,飞机客舱窗的两层有机玻璃之间的封严条就是橡胶制品。飞机中使用的橡胶产品,绝大多数是由橡皮制成的。常用的橡皮材料有以下两类。

(1)用天然橡胶制成的橡皮。它可用来制造飞机的轮胎,冷气系统中的软管,与植物基液压油配合使用的密封件和软导管等。

(2)丁腈橡胶或氯丁橡胶制造的橡皮。它可用来制造耐油制品,如与矿物油接触的各种密封件和软导管等;氯丁橡胶的黏性大,还可用来制作胶黏剂。

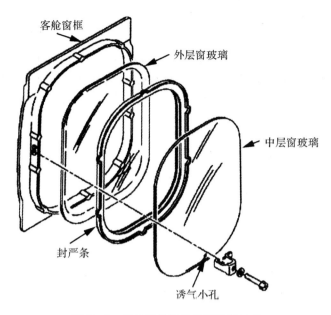

图 7 - 5　飞机客舱窗的玻璃和密封条

7.2.3　影响橡胶制品的外界因素

1. 温度的影响

温度对橡胶件最大的影响是加速其老化,使其柔性变小。因此,在日常维护过程中,为防止橡胶制品温度过高,应远离热源,尽量放在阴凉的地方。例如轮胎,由于易受高温的影响,尽量避免连续地使用刹车。当温度很低时,应注意检查橡胶密封处是否有渗漏现象。对于用丁腈橡胶制作的油箱,拆装时应进行加温。

2. 日光的影响

橡胶制品长时间受到日光直接照射,会加速老化,表现为:强度变小,透气性增大,表面硬化,变形并容易产生裂纹。因此,在维护时应尽量避免阳光直接照射橡胶制品。

3. 外力的影响

持续的外力会使橡皮变形并且加速橡胶的老化。在飞机维护工作中,安装有内胎的轮胎时,一定要防止内胎产生折痕,一旦出现折痕,容易在折痕处发生爆破;安装橡皮导管时,应防止导管的弯曲角度过大。

4. 溶剂的影响

汽油、煤油等溶剂会使橡皮分子间的距离增大而造成橡胶的溶胀,弹性和强度下降。

7.2.4　橡胶件的损伤与修理

橡胶件的常见损伤有磨损、擦伤、切口、裂纹和撕裂。以下用实例介绍橡胶件损伤后的修理方法及程序。

1. 飞机发动机反推包皮的防火封严橡胶件修理

该防火封严橡胶件如图 7 - 6 所示,其主要损伤类型有磨损、裂纹和撕裂。要求去除损伤不小于 3 in,采用的修理材料是无损伤的旧封严条、RTV106 硅胶。

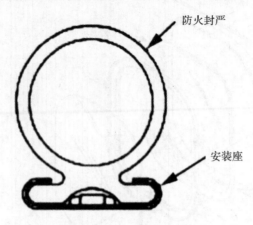

图 7-6 封严橡胶件示意图

具体修理步骤如下。

(1)确定损伤区域,用非金属切片切除损伤部分,要求最小切除长度为 3 in。

(2)从无损伤的旧封严条上切下一段与损伤件切除长度相等的封严条,作为封严更换件(见图 7-7(a))。

(3)再从无损伤的旧封严条上切下两段与损伤件切除长度相等的封严条,然后将其底座部分切除,作为两个封严塞子(见图 7-7(b))。

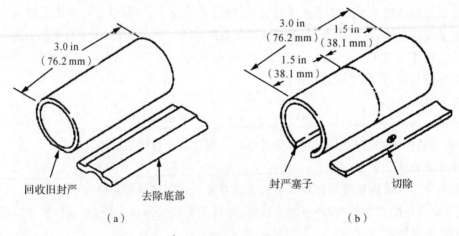

图 7-7 封严更换件与封严塞子
(a)封严更换件;(b)封严塞子

(4)清洁露出的安装座。

(5)用细砂纸打磨原封严橡胶件的切口并清洁。

(6)用细砂纸打磨封严更换件的内表面并清洁。

(7)用细砂纸打磨封严塞子的外表面并清洁。

(8)在封严塞子外表面、封严更换件内表面涂一层 RTV106 高温硅胶,然后将两个封严塞子分别从封严更换件的两侧插入,再安装到原来的封严橡胶件上,如图 7-8 所示。

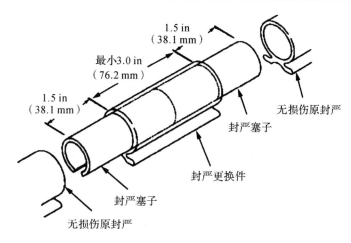

图 7 - 8　封严安装示意图

2.飞机货舱门的封严条修理

以下主要介绍橡胶封严条的擦伤、小切口和穿孔以及严重损伤的维修方法。

(1)擦伤的修理。其修理步骤为：

1)用细砂纸打磨擦伤部位并清洁。

2)在擦伤区域涂一层硅胶。

(2)小切口和穿孔的修理。其修理步骤如下。

1)切口两端钻直径 0.08 in 的止裂孔,如图 7 - 9 所示。

2)用细砂纸打磨修理区域并清洁。

3)根据修理的面积尺寸,裁剪一块薄纱补片。

4)在修理区域涂一层硅胶,并填充止裂孔。

5)将薄纱补片贴合在修理区域,加压固化 24 h。

6)用细砂纸打磨修理表面。

如果损伤的切口长度超过 1 in,穿孔尺寸大于 0.25 in,或在 7.87 in 长度内有超过 3 个小穿孔时,则应按照严重损伤来修理。

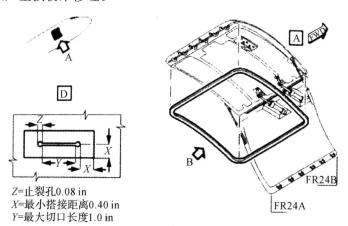

图 7 - 9　货舱门小切口修理示意图

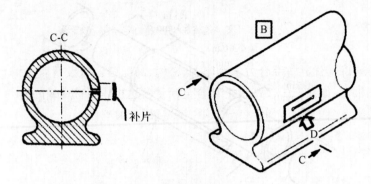

续图 7 - 9 货舱门小切口修理示意图

(3)严重损伤的修理(见图 7 - 10),其修理步骤如下。

1)去除原封严的损伤部分,该长度最小为 7.87 in。

2)根据去除部分的封严长度,制作封严更换件。

3)去除修理区域(距原损伤断口 1 in)的最外一层薄纱。

4)用细砂纸打磨修理区域并清洁。

5)在原封严和封严更换件端口涂上硅胶,对接封严更换件和原封严,保持住并让硅胶固化几分钟。

6)依据修理区域的尺寸,裁剪一块薄纱补片。

7)在修理区域涂一层硅胶。

8)在修理区域缠绕薄纱补片一周,并加压固化 24 h。

9)用细砂纸打磨修理表面。

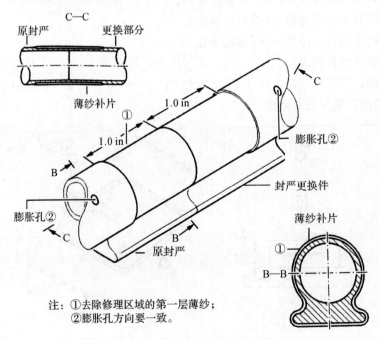

注:①去除修理区域的第一层薄纱;
　　②膨胀孔方向要一致。

图 7 - 10 货舱门严重损伤示意图

7.3　飞机钛合金结构修理

钛合金材料以其优异的综合力学性能、低密度、高比强度以及耐腐蚀等特性,越来越多地应用到现代飞机上,如在 F-22 战机上钛合金用量已达机体用材总量的 41%。目前钛合金主要用在承受高温区域的零件,如隔热导风罩、机尾罩等。

钛合金对缺口、划伤及其他表面缺陷的敏感度高,所以容易产生裂纹、擦伤、断裂等各种损伤。钛合金构件的损伤类型与铝合金构件相似,其修理方法与铝合金构件基本相同。但是,钛合金的性能与铝合金差异较大,因此在钻孔、铆接、焊接等维修工艺上差别也较大。

7.3.1　钛合金构件的钻孔

钛合金材料的强度高、导热性差、摩擦因数大,因此切削加工性能较差。钛合金构件在钻孔时,应注意以下几方面。

1. 钻头的选择

钻头应选用高性能的高速钢麻花钻,并将其钻尖修磨成 S 形、X 形或 W 形。钻头顶角一般取 135°;为防止孔边缘部分被烧伤,钻头应有 7/1 000 的锥度。同时,尽量使用短钻头,一般稍长于板材即可;钻削时要特别注意夹紧钻头,不能偏摆。如用钻模,必须保证切屑能流畅排出。

2. 钻削参数选择

钻削钛合金时,易生成长而薄的卷曲切屑,再加上切屑热量大,材料的导热性差,易使切屑堆积在一起或黏在切削刃上。因此,钻孔时必须保证低转速和适当的进给量,表 7-1 为中等强度钛合金的钻削参数选择。若材料的硬度和强度大时,切削速度和进给量取小值,反之取大值。

表 7-1　钛合金钻削参数选择

钻头直径/mm	主轴转速/$(r \cdot min^{-1})$	进给量/$(mm \cdot r^{-1})$
≤3	1 000~600	0.15 或手动进给
>3~6	650~450	0.06~0.12
>6~10	450~300	0.07~0.15

3. 采用冷却措施,控制跳动量

为了保证钻头的耐用度,降低切削热的影响,在钻孔过程中要充分供给冷却液。钻头安装后跳动量应控制在 0.1 mm 以内,钻头切削刃对柄部的跳动量应控制在 0.03 mm 以内,切削时切削刃的跳动量应小于 0.5 mm。钻孔时,钻头不能在孔中不进不退,以免切削刃摩擦加工表面造成加工硬化,并容易使钻头变钝。

4. 采用超声波作为辅助手段

钻孔时采用超声波作为辅助手段,可延长钻头的使用寿命,提高切削效率。将超声波的往复运动和钻头的旋转运动结合,钻头纵向受激发,振幅约为 0.025 mm,频率为 20 000 Hz,可以增加钻头的使用时间,切削效率可以提高 $50\% \sim 100\%$ 。

7.3.2　钛合金构件的铆接修理

钛合金构件的铆接工艺过程与普通铆接相同。按照等强度修理准则,钛合金构件损伤修理时应使用钛合金铆钉。由于钛合金铆钉的硬度高、塑性差、变形量小且形成墩头困难,铆接时易产生裂纹。因此,钛合金铆接修理的工艺方法不同于铝合金构件。铆接时,不宜采用冷铆,而应采用压铆和热铆。

钛合金铆钉的热铆,可以在电阻点焊机上进行,热铆所需的热量,由电极与铆钉之间的接触电阻产生,如图 7 - 11 所示。因 $\varPhi_2 > \varPhi_1$,$\varPhi_1$ 截面积小,电流通过时的电阻大,产生的热量就多;$\varPhi_2$ 截面积大,电阻小,产生的热量就少。当 A 端达到一定塑性温度时,在铆钉上施加压力 P,使铆钉杆尾部形成墩头。在点焊机上加装一夹紧装置,用以消除夹层间隙,就可以得到较好的铆接质量。用于热铆的电极,不仅应具有导电、传递压力和散热等功能,而且还应有比一般电阻焊电极更高的强度和在高温下不易软化的性能。因此,热铆所用的电极常用粉末冶金的钨铜合金制作。

在电阻点焊机上热铆钛合金铆钉与普通点焊相比,不同之处是热铆的电流小、时间长和压力大。如图 7 - 12 所示,B 点接在铆接件上,A 点与顶铁连接,当接通电源,铆钉杆尾部截面积小,电阻大,升温快。当温度达到 $700 \sim 850$ ℃时,即可铆接,热铆时加热时间不宜过长,一般在 3 s 左右。

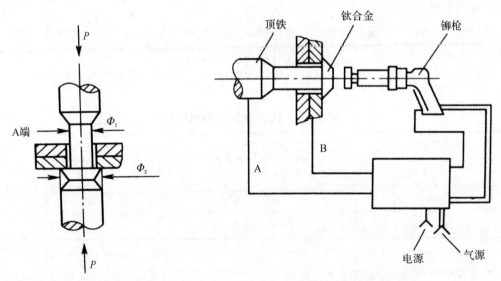

图 7 - 11　钛合金热铆示意图　　　　图 7 - 12　热铆加热方式

7.3.3　钛合金构件的焊接修理

焊接是钛合金构件损伤修理的重要方法之一,当构件上出现裂纹、断裂、破孔等损伤时,可采用焊接方法修补。钛合金的焊接方法很多,如点焊、钎焊、氩弧焊、电子束焊、电弧焊、激光焊等。

钛合金构件损伤的焊接修理工艺过程如下。

（1）修整损伤部位。对损伤部位进行必要的整形和切割，切割线应光滑过渡，防止应力集中，切割形状应规则。

（2）选择焊接方法。根据损伤构件在飞机上的位置以及厚度的不同，采用相应的焊接方法，来制作补片、连接片、接头等。

（3）清理焊接部位。焊接前应对焊接部位进行清除氧化皮、污染物，清洗并进行干燥。厚氧化皮可先用机械方法（喷砂和砂轮打磨等）去除，再进行酸洗。清洗后的焊件应在 4 h 内焊完，否则需重新清理。

（4）焊接及质量检查。为保证焊接质量，焊接时，焊件应采用夹具等工具定位，焊接参数应符合相应焊接方法的技术规范，以减少焊接变形现象的发生。焊接后，应按规定要求检查焊接质量，是否有气泡、夹渣和裂纹等缺陷，如发现问题，应及时补焊或重新焊接。

复习思考题

1. 飞机密封结构的形式有哪些？

2. 简述密封结构产生渗漏的原因。

3. 简述飞机缝内密封产生渗漏后的修理方法。

4. 密封结构完成后，通常需要做哪些密封试验？

5. 飞机上的密封元件有哪些？

6. 影响橡胶制品质量的外界因素有哪些？

7. 飞机上橡胶件的常见损伤形式有哪些？

8. 钛合金在钻孔时应该注意哪些问题？

9. 飞机钛合金构件铆接时，为什么不宜采用冷铆？

10. 飞机钛合金构件出现哪些损伤时，可以采用焊接的方法修补？

参考文献

[1] 任仁良,张铁纯.涡轮发动机飞机结构与系统[M].北京:兵器工业出版社,2006.

[2] 郝劲松.活塞发动机飞机结构与系统[M].北京:兵器工业出版社,2007.

[3] 陈康,刘建新.直升机结构与系统[M].北京:兵器工业出版社,2011.

[4] David A Lombardo.小型飞机的结构与使用[M].张鹏,孙淑光,杜鸣,译.北京:航空工业出版社,2005.

[7] 中国民用航空局科技教育司.飞机结构维修指南[M].北京:北京航空航天大学出版社,1993.

[8] 任仁良.维修基本技能(ME、AV)[M].北京:清华大学出版社,2010.

[9] 代永朝,郑立胜.飞机结构检修[M].北京:航空工业出版社,2006.

[10] 田秀云,杜洪增.复合材料结构及修理[M].北京:中国民航出版社,1996.

[11] 虞浩清,刘爱平.飞机复合材料结构修理[M].北京:中国民航出版社,2010.

[12] 杨乃斌,倪先平.直升机复合材料结构设计[M].北京:国防工业出版社,2008.

[13] 白冰如,拜明星.飞机铆接装配与机体修理[M].北京:国防工业出版社,2015.